轻松
养殖致富
系列

轻轻松松
稻田养鱼蛙虾蟹

占家智 羊 茜 编著

化学工业出版社

·北京·

本书资料来源于大量一线养殖场、专业合作社和技术能手的养殖经验、技巧、诀窍，作者为深受读者和养殖户欢迎的水产高级工程师，负责先进水产技术推广管理，一线经验丰富实用。稻田养鱼，生态环保，利于生产品牌有机稻、鱼，鱼稻双丰收，亩增产值可达 3370元，是目前大力推广的增产增效模式，本书详解了稻田养鱼的条件、模式，降成本增效益的措施、方法，稻田的选择、田间工程、清整消毒，水稻栽培、适宜稻田养鱼的鱼类品种及特点分析，稻田养小龙虾、稻田养龟鳖、河蟹、蛙类等各种稻田综合养殖模式，分述详解各类稻田养鱼，从田块选择、田间工程到苗种培育放养、饵料选择、投喂方法、投喂量与放养密度、科学改底、稻鱼共管、捕捞、疾病防治等，渔谚、口诀丰富，图文并茂，技术成熟，使读者一看就懂，一学就会，一用就灵。

　　本书适合广大水产养殖场生产经营人员、水产养殖户、水产科研工作者、水产技术推广人员等参考阅读。

图书在版编目（CIP）数据

　　轻轻松松稻田养鱼蛙虾蟹/占家智，羊茜编著.—北京：化学工业出版社，2019.6
　　（轻松养殖致富系列）
　　ISBN 978-7-122-34143-3

　　Ⅰ.①轻⋯　Ⅱ.①占⋯②羊⋯　Ⅲ.①稻田养鱼②稻田-蛙类养殖③稻田-虾类养殖④稻田-养蟹　Ⅳ.①S96

　　中国版本图书馆 CIP 数据核字（2019）第 052139 号

责任编辑：李　丽　　　　　　　　　　文字编辑：焦欣渝
责任校对：宋　玮　　　　　　　　　　装帧设计：关　飞

出版发行：化学工业出版社（北京市东城区青年湖南街 13 号　邮政编码 100011）
印　　装：大厂聚鑫印刷有限责任公司
710mm×1000mm　1/16　印张 13½　彩插 3　字数 207 千字　2019 年 9 月北京第 1 版第 1 次印刷

购书咨询：010-64518888　　售后服务：010-64518899
网　　址：http://www.cip.com.cn
凡购买本书，如有缺损质量问题，本社销售中心负责调换。

定　　价：49.00 元

前 言

    稻田养鱼是指将稻田这种潜在水域加以改造、利用，用来养鱼的一种模式。进行稻田养鱼不仅投资少、见效快，而且还有节肥、增产、省工的好处。

    我国许多地区都有稻田养鱼及其他水产品的传统，在种田效益下降的情况下，推广稻田养鱼及其他水产品可为稻田除草、除害虫、少施化肥、少喷农药。有些地区还可在稻田采取中稻和鱼类轮作的模式，特别是那些只能种植一季的低洼田、冷浸田，采取中稻和鱼类轮作的模式，经济效益很可观。

    近几年来，我国稻田养鱼及其他水产品发展势头非常猛，经济效益也非常好，被称为稻田综合种养，目标是"双千工程"，也就是说稻田养鱼及其他水产品要达到亩产水稻稳产在 1000 斤（1 斤＝0.5 千克）以上，亩增效益在 1000 元以上。为了适应稻田养鱼及其他水产品的发展要求，推广新的稻田养鱼技术，满足广大农民朋友迫切要求掌握科学技术的需要，我们在生产实践的基础上，编写了这本《轻轻松松稻田养鱼蛙虾蟹》。本书比较系统地介绍了稻田养鱼及其他水产品的历史、稻田养鱼及其他水产品的优点、稻田的田间工程改造等，重点介绍了适宜在稻田里养殖的鱼类品种、养鱼及其他水产品技术要点、水稻栽培技术、稻鱼共管要点、鱼类疾病防治等关键技术，让农民朋友阅读本书后，能轻轻松松地掌握稻田养鱼及其他水产品的要点，轻轻松松地养好鱼、种好稻。

    本书具有极强的生产指导意义，适合广大农民、种养大户、渔业经济合作组织、基层技术推广人员阅读。由于稻田养鱼及其他水产品无论在理论上还是在生产实践上都需要不断地进行研究和充实，一些技术措施也有待于进一步提高和完善，综合种养效益还有进一步提高的空间，养殖品种还可能有新的补充，加上我们自身水平有限，不足和错误之处敬请广大读者朋友批评指正。

占家智

2019 年 1 月

目录

第一章 概述 / 001

第二章　养鱼稻田的处理 / 032

第三章　水稻栽培 / 050

第六章　稻田养鱼的管理 / 169

第七章　稻田养鱼的疾病防治 / 182

第一章

概述

第一节　稻田养殖技术发展史

稻田养鱼是在水田里既种水稻又养鱼的一种生产方式，这种生产方式是将种植业和养殖业巧妙地结合在同一生态环境中，充分利用稻、鱼之间的共生关系，使原来稻田生态系统中的物质循环和能量转换向更有利的方向发展。稻田养鱼以"以渔促稻、稳粮增效"为指导原则，以生产出优质安全的水产品为主导，以标准化生产、规模化开发、产业化经营和品牌化创建为特征，能在水稻不减产的情况下，大幅度提高稻田效益，并减少农药和化肥的使用，是一种具有稳粮、促渔、增收、提质、环境友好、发展可持续等多种生态系统功能的现代循环生态农业模式。

稻田养鱼并不是现在才有的新鲜事物，这种养殖模式在我国早已有之，只是到了目前才将它发扬光大，并在全国进行大力推广应用。

一、　我国古代的稻田养鱼发展历程

根据考古文物和历史资料表明，早在近二千年前的东汉（公元25～220年）中国陕西省的汉中市、四川省的峨眉山市一带已开展稻田养鱼，稻田中饲养的鱼品种主要有鲤鱼、鲫鱼、草鱼、鲢鱼，在稻田进出水口已开始安装有捉鱼的竹篓或提升式平板闸门，说明中国当时已具备稻田养鱼雏形。三国时代，出现了中国最早记载有稻田养鱼的历史文献《魏武四时食制》，其中写道"郫县子鱼黄鳞赤尾，出稻田，可以为酱。"魏武即曹操，郫县即现今的四川成都西北的郫都区，子鱼指小鱼，黄鳞赤尾指鲤鱼。这说明在三国时代四川郫都区一带已开始稻田饲养鲤鱼。唐朝是我国古代稻田养鱼最发达的时期，根据刘恂所著《岭表录异》（成书于公元889～904年）的记载"新泷等州，山田栋荒，平处以锄锹，开为町畽，伺春雨，丘中贮水，即先买鲩鱼子散于水田中，一二年后，鱼儿长大，食草根并尽，既为熟田，又收鱼利，及种稻且无稗草"，说明广东地区在1000多年前已开始实行科学的稻鱼轮作，利用草鱼除草，从而使稻谷增产。从此以后经过了宋、元、明、清直到民国，稻田养鱼只有数量的变化、品种上的增加而已。

二、 新中国成立后的稻田养鱼发展历程

我国是世界上稻田养鱼面积最大的国家，但是并不均衡。新中国成立前，稻田养鱼主要集中在西南、中南和东南各地的丘陵山区，面积较小。新中国成立后，中国传统的稻田养鱼区迅速恢复和发展，稻田养鱼逐渐从南方发展到北方，从山区发展到平原，东北的辽宁、吉林、黑龙江及西北的新疆、宁夏等省区都不同程度地发展了稻田养鱼生产。1954 年第四届全国水产工作会议正式提出"发展全国稻田养鱼"的号召。1959 年全国稻田养鱼面积超过 66 万公顷。20 世纪 60 年代初到 70 年代中期，由于有毒农药的大量应用及其他人为的因素，使稻田养鱼受到很大影响，进入了停滞和下降阶段。70 年代后期，由于稻种的改良以及低毒高效农药的出现，稻田养鱼又进入一个新阶段。80 年代开始，由于农村广泛实行了责任制，以及随着淡水养鱼生产的迅速发展，鱼种的需要量越来越大，这就产生了稻田培养鱼种的客观需要。1983 年 8 月，农牧渔业部在四川温江县召开了第一次全国稻田养鱼经验交流会，会后，各省、市、自治区都分别召开会议，号召全国推广稻田养鱼。1983 年，全国经济学科规划小组下达了国家"六五"重点研究课题——"中国水产资源开发利用的经济问题"，其中包括"稻田养鱼有关经济问题的研究"子课题，该项目深入地研究了稻田养鱼的经济效益。1985 年该项目通过专家鉴定，1988 年获农业部科技进步二等奖。1985 年农牧渔业部又下达了重点项目——"稻田养殖成鱼和培育苗种的研究"，由农牧渔业部水产局主持，承担的单位有四川、湖南、江西、福建、广西、江苏、浙江等省的水产局，该项目1987 年全部达到要求并通过专家鉴定，从而使这些地区稻田养鱼发展进入了一个新的阶段。

20 世纪 80 年代开始，中国稻田养鱼作业方法又有了不少新的进展，典型的有以下几种：

（1）稻萍鱼共生体系　其主要形式是田里种稻，水面养萍，水中养鱼，以萍喂鱼，鱼粪肥田，坑、堤上种瓜、种豆的农田多层次综合利用立体种养结构模式。以后又发展了"莲萍鱼""种萍鱼"两种立体农业结构。

（2）垄稻沟鱼　本法适用于低温田、冷浸田、烂泥田、兜田等水稻

田。这种方式是将原来平面田块改成规格一致的高垄低沟，垄沟相间。在生产期间，垄上种稻，沟中养鱼。

（3）沟函（坑）式养鱼 这是一种增强抗旱保收能力的稻田养鱼生产方式。它较好地解决了稻谷生产期间的稻田浅灌、勤灌、放水晒田、撒生石灰、施化肥和下农药与养鱼之间的矛盾。

（4）流水沟式养鱼 利用流水养鱼的原理，在稻田中挖1～2条宽沟，利用水的流向，进行田沟微流水养鱼。

（5）稻田十字养鱼法 该方法是20世纪80年代末四川省总结而成的。它涵盖了"水""种""饵""旱""密""高""深""管""收""转"10个方面的内容。

（6）稻田养殖名优水产 这是20世纪90年代在全国各大种植区和养殖区竞相采用的一种养殖模式，具有动植物有机结合，既能提供优质水产品，又能提高水稻的产量。目前在稻田养殖的名优水产品主要有蟹类（包括蟹种培育）、虾类、螺类、优质鱼类，效果较好。

所以我们不能总是狭义地理解为稻田养鱼就是在稻田里养一些青、草、鲢、鳙等常规鱼和其他的名优鱼，而是广义上的稻田养殖水产品，包括在稻田里养殖虾、蟹、螺、鳖、蛙等。

三、 现阶段的稻田养鱼发展状况

稻田养鱼注重优质水稻品种与水产品品种的选择，注重稻田田间工程的建造（不仅考虑水稻和水产品的生产需要，更注重防洪抗旱、旱涝保收），注重以产业化生产方式在稻田中开展水稻与水产生产，注重物质和能量的循环利用，注重病虫害的绿色防控，注重稻田生态环境的改良和土壤修复，注重稻田资源可持续利用和良性发展，注重农产品品质和效益。2007年，全国水产技术推广总站将"稻田生态养殖技术"选入"2008～2010年渔业科技入户主导品种和主推技术"。2010年12月，农业部科技教育司在浙江杭州组织召开了稻田综合种养模式经济交流会。全国水产技术推广总站组织有关推广单位联合开展稻田综合种养技术的集成与示范。为加快新一轮稻田综合种养技术的集成和示范，2012～2013年，农业部科技教育司和渔业局组织有关科研教育和推广单位，实施了稻田综合种养技术示范项目。

1. 稻田养鱼发展的三大任务

近几年来，我国传统的稻田养鱼又有了新的发展。养殖种类由以往单一品种扩大到养河蟹、养泥鳅、养胡子鲶、养青虾龙虾、养黄鳝、养鳖和蛙等；养殖技术上从稻田的选择、田间工程的建设、苗种的配套生产到饲养管理等，形成了一整套技术体系及养殖原理；在生态学方面，将种植和养殖相结合，利用水产生物的生活习性特点，充分发挥了水产养殖生物的生物灭虫、生物除害等作用，总结并提出了稻田综合种养的概念，制定了"双千工程"的效益指标。随着全国稻田养鱼的快速发展、养殖技术的日益完善、养殖品种的不断丰富，全国水产技术总站认为目前我国稻田养鱼发展应着重解决好三大任务：

一是在发展的目标上，要坚持"一个中心、五个兼顾"，也就是坚持以稳定水稻生产为中心，兼顾促渔、增效、提质、生态、节能等目标。为什么要发展稻田养鱼，而不是直接将稻田挖成鱼塘？这就是我国基本农田保护政策所决定的，18亿亩（1亩＝667米^2）的土地红线不能突破，利用稻田创造性地发展水产的前提和中心就是必须稳定水稻生产。

二是在技术集成上，强化"两个支撑、两个结合"，即强化生态理论的支撑和效益评估数据的支撑；强化种植技术与养殖技术的结合、农机与农艺技术的结合。

三是在示范推广上，坚持规模化推进，强化技术示范推广与技术应用平台建设、经营主体培育同步进行；着力强化各种典型模式的关键技术、经营机制、社会化服务、人才队伍、扶持投入等方面的保障，确保稻田养鱼能推广开，用得好、赚上钱，又利于环保。

2. 种养模式得到提升

针对新一轮稻田综合种养的需求和特点，我国集成、创新、示范和推广了"稻鱼共作""稻蟹共作""稻鳖共作＋轮作""稻虾连作＋共作""稻鳅共作"等5大主导模式24个典型模式，探索了蟹、虾、鱼池种稻模式。同时围绕产业化发展要求，集成了9大类20多项配套关键技术，改进了水稻栽培、水肥管理等技术，以及水产生物的饲养管理与稻田病虫害综合防治技术，使稻田养鱼的种养在模式和技术上得到了空前的发展和提升。

3. 全面推广稻田养鱼九大配套关键技术

经过全国各地的努力，我国稻田养鱼的发展和成效显著，其中九大配套关键技术是稻田养鱼成功保证的核心技术，即配套水稻栽培新技术、配套水产健康养殖关键技术、配套种养茬口衔接关键技术、配套施肥技术、配套病虫草害防控技术、配套水质调控关键技术、配套田间工程技术、配套捕捞关键技术、配套质量控制关键技术等。

（1）配套水稻栽培新技术　在稻田养鱼过程中，各地的种养户们发挥了其聪明才智，创造性地配套了许多水稻栽培新技术，比如，在稻蟹、稻虾共作中，有的采用了双行靠、边行密的插秧方式，也有的地方则采用了大垄双行、沟边密植的插秧方式；在稻鳅共作中，有的地方采用了合理密植、环沟加密的插秧方式；在水稻和小龙虾的共作中，有的地方采用了稻田免耕直播技术等。

（2）配套水产健康养殖关键技术　在稻田里养殖鱼、虾、蟹、鳖、鳅等水产品，各个地方都根据具体的水产品特点，配套了健康养殖的关键技术，比如稻蟹、稻虾、稻鳖、稻蛙共作中，配套了防逃设施；在稻蟹、稻虾共作中，配套了田间栽种水草的技术；在稻鳝共作中，配套了混养泥鳅技术；在几乎所有的稻鱼共作中，配套了生物活饵料的培育技术等。

（3）配套种养茬口衔接关键技术　为了实现种养两不误，茬口的衔接很关键，各地都根据具体情况作了很好的安排，例如安徽省滁州地区的稻田养龙虾，在茬口的衔接上是这样安排的，每年的阳历 6 月 15 号前将稻田里的龙虾达到上市规格的全部出售，然后迅速降水，采用免耕的方式插秧，秧苗全部在 6 月 25 号前栽插完毕，然后按水稻的正常管理就可以了。要求水稻的生长期控制在 140 天左右，不能超过 150 天（含秧龄 30 天）。到 10 月 20 号左右收割稻谷，然后留桩并灌水用于养虾，一直到第二年的 6 月份。

（4）配套施肥技术　在稻田养鱼前，水稻生产的施肥主要依赖于化肥，大量化肥的使用引发了生态环境问题。在稻田养鱼的实施过程中，各地根据本地实际并通过科研单位的参与，按"基肥为主，追肥为辅"的思路，对稻田施肥技术进行了改造。应用了一批适用于稻田综合种养的配套施肥技术，例如辽宁采用了测土配方一次性施肥技术，对土壤取样、测试化验，根据土壤的实际肥力情况和种植作物的需求，计算最佳的施肥比例及施肥量；安徽采用基追结合分段施肥技术，就是将施肥分为基肥和追肥两个阶段，主要采用了"以基肥为主、以追肥为辅、追肥少量多次"的技术；稻田生态养河蟹施肥技术采取"底肥重、蘖肥控、穗肥巧"的施肥原则，施足基肥，减少追肥，以基肥为主，追肥为辅；稻田养殖青虾分段施肥技术要点是除了稻茬沤制肥水外，基肥还要在稻田四角浅水处堆放经过发酵的有机粪肥，每亩150～200千克，用来培育虾苗喜食的轮虫、枝角类及桡足类等浮游动物，使青虾苗种一下塘就可以捕食到充足的、营养价值全面的天然饵料生物，增强体质和对新环境的适应能力，提高放养成活率等。

（5）配套病虫草害防控技术　在稻田养鱼前，对稻田害虫和杂草的控制主要依靠化学药物控制，造成了农药残留、污染环境问题。在稻田养鱼的实施过程中，"生态防控为主、降低农药使用量"防控技术思路被提出。其主要技术方案包括敌群落重建技术、稻田共作生物控虫技术和稻田工程生物控草技术等。

（6）配套水质调控关键技术　在稻田养鱼前，虽然形成并应用了部分水质调控的技术，但没有形成系统性水质调控思路，调控不精准，效果也不稳定。为此，各地专门研究了综合种养水质的各方面以及各阶段的要求，提出了系统性的水质调控技术方案。这些方案包括物理调控技术、化学调控技术、水位调控技术、底质调控技术、水色调控技术、种植水草调控技术、密度调控技术等。

（7）配套田间工程技术　针对稻田种养田间工程改造出现的问题，稻田养鱼也规定了田间工作设计的基本原则：一是不能破坏稻田的耕作层；二是稻田开沟开展不得超过面积的10%。通过合理优化田沟、鱼溜的大小、深度，利用宽窄行、边际加密的插秧技术，保证水稻产量不减少。同时，工程设计上充分考虑了机械化操作的要求，总结集成了一批适合不同地区稻田种养的田间工程改造技术。

（8）配套捕捞关键技术　在20世纪80年代推广的稻田养鱼，对在稻田里养殖的水产品，捕捞上往往采用水产养殖传统的捕捞技术，但由于稻田水位较浅，环境也较池塘复杂，生搬池塘捕捞方法难以满足稻田种养的需要。因此，在现阶段，各地针对稻田水位浅，充分利用鱼沟、鱼溜，根据养殖生物习性，采用拉网、排水干田、地笼诱捕、配合光照、堆草、流水迫聚等辅助手段提高了起捕率、成活率。

（9）配套质量控制关键技术　在发展稻田养鱼过程中，水产技术推广部门对与稻田产品质量安全相关的稻田环境、水稻种植、水产养殖、捕捞、加工、流通等各个环节的生产过程及过程中投入品的质量控制要求进行了总结，提出了各环节质量控制应执行的标准和采用的技术手段。

从稻田养鱼的整个发展历史来看，现阶段我们一定要更新观念，正确认识稻田综合种养的主要意义。稻田综合种养不只是增加水产品的产量，更具有广泛的推广前景和重大战略意义，可以促进食品安全、粮食安全。在水产技术推广过程中，要争取粮食、计划、财政和金融等部门的支持，把稻田养殖工程建设纳入高标准农田、水利建设的统一规划，与改造中低产田、低洼地结合，与湖区围垦稻田的退垦还渔结合，与高标准农田、水利建设结合，建设标准化、面积大、稳产高效的粮渔生产基地，使稻田养殖成为农民面向市场、优化结构、增加收入的自觉行动。

第二节　稻田养鱼的基础知识

一、稻田养鱼的基础

利用稻田养鱼，就是通过运用生态经济学原理和稻鱼共生理论，人为构建稻田生态环境，使水稻田里既能种植水稻又能同时养鱼，充分发挥物种间共生互利的作用，促进物质和能量的良性循环，产出绿色或有机水稻和水产品。

多地的生产实践和科研专家的研究结果分析表明：稻田里养鱼与单纯种粮相比，两者的养殖模式效益差别较大，在稻田里养鱼亩成本（稻田的田间工程成本、鱼的苗种成本、饲料成本及其他成本）大于单纯种粮，一般超过单纯种粮的成本1倍左右，亩纯收入则是单纯种粮的2～3倍，效益是非常喜人的。更重要的是，在稻田里养鱼和单纯种粮，它们在田间管理强度及劳力投入上几乎没有差别，用老百姓的话说，就是捎带手的事。

因此说，稻田养鱼是有理论和实践基础的。

二、 稻田养鱼的原理

在稻田里养鱼，是利用稻田的浅水环境，辅以人为措施，既种稻又养鱼，以提高稻田单位面积效益的一种生产形式。

稻田养鱼共生原理的内涵就是以废补缺、互利共生、化害为利。在稻田养鱼实践中，人们称之为"稻田养鱼，鱼养水稻"。稻田是一个人为控制的生态系统，稻田养了鱼，可促进稻田生态系中能量和物质的良性循环，使其生态系统又有了新的变化。稻田中的杂草、虫子、底栖生物和浮游生物对水稻来说不但是废物，而且都是争肥的，如果在稻田里放养鱼、虾、蟹、蛙、鳖等，特别是像鲫鱼这一类杂食性的鱼类，不仅可以利用这些生物作为饵料，促进鱼类的生长，消除与水稻争肥的对象，而且鱼类的粪便还为水稻提供优质肥料。另外，鱼在田间栖息、游动、觅食，疏松了土壤，破碎了土表"着生藻类"和氮化层的封固，有效地改善了土壤通气条件，又加速了肥料的分解，促进了稻谷生长，从而达到鱼稻双丰收的目的。同时鱼在稻田中还有除草保肥和灭虫增肥作用。

稻田是一个综合生态体系，在水稻种植过程中，人们要进行向稻田施肥、灌水等生产管理，但是稻田许多营养却被与水稻共生的动、植物等所猎取，造成水肥的浪费；在稻田生态体系中，我们放进鱼后，整个体系就发生了变化，因为鱼几乎可以食掉在稻田中消耗养分的所有生物群落，起到"截流"生态体系的作用。这样便减少了稻田肥分的损失和敌害的侵蚀，促进了水稻生长，又将废物转换成有经济价值的商品鱼。因此，可以这样说，稻田养鱼是综合利用水稻、鱼的生态特点达到稻鱼共生、相互利用，从而达到稻鱼双丰收目的的一种高效立体生态农业，是动、植物生产有机结合的典范，是农村种养殖立体开发的有效途径（图1-1）。

三、 稻田养鱼的特点

稻田养鱼具有很大的优势，利用稻田养鱼，既节约水面，又能获得粮食，具有成本低、管理容易的优点，既增产稻谷，又增产鱼，是农民致富

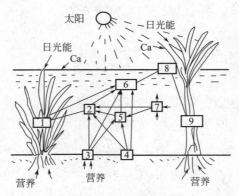

图 1-1　稻田间各生物间的物质循环示意图

1—水草；2—水生动物；3—细菌；4—有机碎屑；5—浮游动物；

6—鱼类；7—浮游植物；8—害虫；9—水稻

的措施之一。

1. 稻田里有适应鱼的生存环境

稻田属于浅水环境，浅水期仅 7 厘米水，深水时也不过 20 厘米左右，因而水温变化较大。为了保持水温的相对稳定，鱼沟、鱼溜等田间设施是必须要做的工程之一，通过加高加固田埂，开挖沟凼，大大增加了稻田的蓄水能力，有利于防洪抗旱。另外稻田水中溶氧充足，经常保持在 4.5～5.5 毫克/升，且水经常流动交换，鱼的放养密度又低，所以鱼病较少。

我们都知道，鱼是变温动物，而且我们进行稻田养殖的鱼大多数也是比较喜欢温水的鱼类，而稻田里的表层水温非常适宜鱼的生长；另外鱼喜欢栖息于底层腐裂土质的淤泥表层，喜欢在浅水处觅食，而稻田的水位较浅，底质肥沃，正好满足了它们的这个要求。

2. 一地多用

利用稻田养鱼的原理就是在不破坏稻田原有生态系统及不增加使用水资源的情况下，做到既能保证粮食生产且不减产，又能收获一定数量的水产品，实现一水两用、一地双收的效果，直接提高经济效益。

在稻田里进行鱼类的养殖需要一定的土木工程，如开挖鱼沟、鱼溜、鱼凼等，这样便将稻田的平面生产改造为"立体"生产。在形式上，由于开挖沟溜减少了水稻有效种植面积 8% 左右，而实际上开挖沟溜的斜坡处仍然可以种植水稻，同时在栽秧技术上进行改良，采取宽行密植或边际密植等技术，因此水稻的种植面积并没有减少多少。另外在稻田里养鱼后，水稻的产量一般还能增产 5% 左右，这种既不影响水稻的种植，又能立体养鱼的稻田种养方式，无疑扩大了耕地的利用范围，是一地多用的典范。

3. 生态效应更加突出

稻田为鱼的摄食、栖息等提供了良好的生态环境，鱼在稻田中生活，可直接吃掉稻田中的多种生物饵料，包括蚯蚓、水蚯蚓、摇蚊幼虫、枝角类、紫背浮萍、田间杂草以及部分稻田害虫，甚至不投饵料，也能获得较好的经济效益，起到生物防治虫害的部分功能，节省农药，减少了粮食污染，有利于稻田的生态环境向友好型发展。

4. 提高农田的利用率

在稻田里既种植水稻，又养鱼，实现了种养结合，有效地提高了农田利用率。稻田养鱼是利用稻田实现种植与养殖相结合的一种新的养殖模式，可以充分利用稻田的空间、温度、水源及饵料优势，促进稻鱼共生互利、丰稻增鱼，大大提高稻田的综合经济效益。另外鱼具有在水底泥中寻找底栖生物的习性，其觅食过程可起到松土作用，从而促进水稻根部微生物活动，使水稻分枝根加速形成，壮根促长。

5. 降本增效明显

一方面，利用稻田养鱼，不用另外开辟养殖池，能有效地节地节水，是保护环境、发展经济的可选方式之一；另一方面，水稻能吸取鱼的排泄物补充其所需肥料，起追肥作用，有利于水稻生长，可以减少农户对稻田的农药、肥料的投入，降低成本。

6. 其他优点

一是鱼在稻田浅水中上下游动或爬行，能促进水层对流、物质交换，特别是能增加底层水的溶氧；二是鱼新陈代谢所产生的二氧化碳，是水稻进行光合作用不可缺少的营养物。因而稻田养鱼是有效的、合理的生态循环。

四、 利用稻田养鱼的好处

1. 激发了广大农民的种粮积极性， 保障了粮食安全

首先是不与粮争地。稻田养鱼的田间工程只在稻田内开挖宽 3 米左右、深 1.5 米左右的环沟，约占 8% 的稻田面积。通过连片开发、稻田小改大，减少了田埂道路，同时又增加了一些稻田面积，环沟占比可减少到 3%～5%，加上环沟周边的水稻具有边行优势，采用边行密植后基本不会挤占种粮的空间，不与粮争地。

其次是提高了粮食单产。由于在稻田里养鱼是充分利用了物种间共生互利的优势，改善了稻田生态环境，把植物和动物、种植业和养殖业有机地结合起来，更好地保持农田生态系统物质和能量的良性循环，实现稻鱼双丰收，加上鱼在田间可吃食害虫、清除杂草、和泥通风、排泄物增肥，水稻得以健康发育生长。连续 3 年测产验收结果表明，稻田综合种养的稻谷单产较单一种植水稻可提高 5%～10%。

再次就是提高了粮食品质和效益。通过稻田种养新技术的实施，在同一块稻田中既能种稻也能养鱼，化肥和农药大量减少，而鱼的粪便可以使土壤增肥、减少化肥的施用，有机肥和微生物制剂的使用促进了土壤恢复，提高了综合生产能力。根据研究和试验，稻田中实施养鱼后，稻田生境得到很大改良和修复，免耕稻田应用养鱼技术基本不用药，每亩化肥施用量仅为正常种植水稻的 1/5 左右。因此，生产的粮食品质得到很大提高，大米的售价从 4 元/千克左右提高到 20～80 元/千克，种粮的效益也大幅提高，稻田的综合效益比单一种稻提高了 2～10 倍。

最后就是激发了农民的种粮积极性。由于在稻田养鱼时，稻田的粮食产量稳中有升，稻谷单价也有所提高，加上养鱼的收益，农民收入大幅增加，因此大大激发了农民的种粮积极性。以前无人问津的冷浸田、抛荒田，现在流转价格每亩达到七八百元，许多地方出现了"一田难求"的局面，相关统计资料表明，仅湖北省就有 206 万亩撂荒、低湖、低洼、冷浸田得到开发利用。

2. 开辟了养鱼新思路

稻田养鱼的模式为淡水养殖增加了新的水域，它不需要占用现有养殖水面就可以充分利用稻田的空间和时间来达到增产增效的目的，开辟了养鱼生产的新途径和新的养殖水域。例如福建、安徽、浙江、湖北的稻田养鱼模式，利用春末稻田还未插秧前的空闲期以及收割水稻后的空闲期，蓄水养鱼，部分水稻秸秆作为鱼的饲料，还有部分水稻秸秆在腐烂后为鱼的天然活饵提供营养来源，并通过投喂优质颗粒饲料，有利于土壤肥力的恢复，鱼在稻田里的活动还促进了施肥的均质化，对促进稻田的可持续利用具有重要意义。

3. 保护生态环境，有利于改良农村环境卫生

（1）大量吞食害虫 稻田是蚊子、钉螺等有害生物的滋生地，在稻田养殖鳖、蟹、虾、鱼、蛙的生产实践中发现，稻田中养殖鳖、蟹、虾、鱼、蛙等水生生物可以大量消灭这些有害生物，尤其是鱼、蛙等跳跃性强的水产品特别喜食那些活动中的水稻害虫。而养殖生产的实践也表明，稻田里及附近的摇蚊幼虫密度明显地降低，最多可下降 50% 左右，成蚊密度也会下降 15% 左右，从而减少了疟疾、血吸虫病等重大传染病的发生以及有效地控制了水稻虫害的发生，有利于提高人们的健康水平。另外，生活在稻田里的鱼类能大量吞食稻田中的稻飞虱、叶蝉、稻纵卷叶螟、螟虫等水稻害虫。

（2）减少化学除草剂的使用量与使用频率 现已查明，在稻田里能生长的杂草多达 200 多种，这些杂草与水稻争养分、争日光能、争生长空间等，影响了水稻的正常生长发育。在稻田里养鱼，特别是培育、养殖草鱼种，由于鱼的活动以及它们以杂草为食的特性，基本上能控制田间杂草的生长，可以不使用化学除草剂。

（3）减少杀虫农药的使用量与使用频率 水产生物对农药十分敏感，利用稻田养鱼后，由于鱼都能捕食稻田里的害虫，因此基本上不用或少用农药，而且使用的农药也是低毒的，否则鱼自身也无法生活，这样的结果就是限制或大幅减少了农药的使用。根据全国 10 省（区）市的稻田养鱼示范区的监测和调研，在稻田里养鱼，可减少农药使用量 10%～100% 不等，平均减少 48.4%，大大降低了农业的面源污染。

浙江大学陈欣等人的田间试验表明，在没有施用农药时，稻鱼共作中水稻产量和产出的时间稳定性都显著高于水稻单作系统。进一步的田间试验发现，稻鱼系统中，水稻害虫稻飞虱（包括褐飞虱、白背飞虱和灰飞虱）密度下降，尤其是在稻飞虱暴发的年份。此外，纹枯病的发病率和杂草密度也大大降低。稻鱼系统中由于鱼的取食活动，病虫草害的发生减少，这是稻鱼系统农药使用量降低的主要原因。

（4）大大减少了化肥的使用　以有机肥料作为基肥，以水产生物的粪便作为追肥，从而大大减少了化肥的使用。全国10省（区）示范区减少化肥使用量30%～100%不等，平均减少62.9%。浙江大学陈欣等人研究了稻田综合种养条件下农药和化肥依赖低的生态机理，以稻鱼系统为例，对稻田养殖系统降低农药和化肥的原因进行了研究。结果显示，6年研究中，每年的水稻单作和稻鱼共作的水稻产量均没有显著差异，但是稻鱼共作的水稻产出时间稳定性比水稻单作高，且水稻单作的农药和化肥使用量分别比稻鱼共作多68%和24%。田间试验也表明，水稻和水产生物之间对元素源的互补利用是稻田养殖化肥减少的重要原因。如稻鱼系统中，水稻利用了饲料中未被鱼利用的氮，减少了鱼饲料氮在环境中（即土壤和水体中）的积累，比较投喂饲料和不投喂饲料条件下稻鱼系统的研究发现，稻鱼系统中水稻籽粒和秸秆中31.8%的氮来自鱼饲料，稻鱼共作和鱼单作各自鱼体内氮总量的差值表明化肥中2.1%的氮进入了鱼的体内。

另外，鱼粪本身就是一种优质的肥料，相关的研究与数据测定表明：鲢鱼、草鱼、鲤鱼、鲫鱼鱼粪中的含氮、磷量，比猪、牛粪高，与人粪、羊粪大致相当。每百千克的鱼粪中相当于含有硫酸铵的量分别是鲢鱼19千克，草鱼11.2千克，鲤鱼8.24千克，而人粪为10千克；相当于普通过磷酸钙的含量分别是鲢鱼5.8千克，草鱼4.26千克，鲤鱼6.7千克，而人粪为5千克。根据水产专家的研究，每亩稻田里放养6.3～11.2厘米的草鱼种500尾，两个月中排出的鱼粪便量便达到96千克。此外，鱼类在稻田中掘土觅食，起到疏松土壤、增加氧气和加速有机肥分解等作用。

（5）保护土壤及周边生态环境　一方面水产动物活动以及水产养殖中有机肥、饲料、微生物制剂的使用，提高了土壤中有机质含量，减少化肥使用的同时防止了土壤板结化；另一方面通过加高加固田埂，开挖沟凼，大大增加了稻田蓄水能力，有利于防洪抗旱，对稻田周围的生态环境起一定的保护作用。

（6）对促进减排有重要意义　研究表明，在稻田里养鱼，还可以实现秸秆还田，减少甲烷等温室气体排放的作用，因此，科学实施稻田养鱼对改善农业生态环境、促进减排等有重要作用。

（7）生态效益明显　从全国各地开展的稻田养鱼实施效果看，在水稻稳产甚至增产的情况下，能提高稻田综合效益50%以上，减少农药和化肥使用量30%以上，同时，还可以减少稻田中病虫草害的发生，提高地力水平和生产能力，改善农村生态环境，提高稻田可持续利用水平。

4. 增加收入

通过调整稻田养殖品种结构，发展高价值水产品（如鱼）的养殖，仅鱼等水产品的收入就达到了200多元。有的地方把稻田综合种养与土地流转相结合，扩大了生产经营规模，促进了土地流转，提高了农业规模化水平。生产成本降低，稻田的综合经济效益大幅度提高，促进了农民收入的提高。全国多个地方尤其是安徽省稻田养鱼的试验结果，以及全国各地大面积的示范推广表明，稻田养鱼改善了稻田的生态条件，促进了水稻有效穗和结实率的提高，水稻的平均产量不但没有下降，而且还提高10%～20%左右，同时每亩地还能收获相当数量的水产品，相对地降低了农业成本，增加了农民的实际收入，平均亩增纯利润达1500元以上。例如福建的稻鱼模式平均每亩新增产值3370.20元，新增成本1374.32元，新增利润1995.88元，农民的收入都有显著的增加。

5. 为社会提供中高档优质稻米

在稻田里养殖鱼时，除了生产出价值不菲的水产品外，我们还要瞄准大米中高档市场，生产优质大米，以配送方式直接供应消费者。稻田综合种养新技术的生产工艺就要求禁用农药，不用或少用化肥，符合生产优质大米、有机大米的基本要求。制定栽培有机稻的操作规程，联合粮食企业，做好有机大米的申报、检测、验证，实施产、加、销一体化。瞄准大米的中高档市场，实施品牌战略，将养鱼稻田生产出的优质有机大米，以配送的方式直接供应给消费者。这样不仅大大提高了水稻的经济效益，而且充分发挥了稻田种养技术优势，提高了稻田综合种养的地位。

6. 从源头上确保了农产品质量安全

稻田养鱼充分利用了物质循环原理，采用生物防治与物理防治相结合的绿色防控技术，减少了化肥和化学农药的使用，有效控制了面源污染。鳖、虾、蛙、鱼在冬、春两季利用水稻的秸秆作为饵料，并将其转化成有机肥料，实现了秸秆自然还田。同时鱼类还可以疏松水稻根系土壤，其排泄物作为水稻的有机肥料，可有效改良土壤结构，提高水稻产量和品质。而稻田生态系统为鱼等水产动物提供了良好的栖息环境，水草、有机质、昆虫、底栖生物又可作为鱼等水产动物的天然饵料，实现物质的循环利用、稻鱼的和谐共生，生产的鱼等水产品、稻米均为绿色食品或有机食品，确保了"舌尖上的安全"。

7. 推进了农业现代化的进程

党的十七大就提出了土地流转问题，而且明确规定，土地流转后，其功能不能变，即原来的基本粮田流转后，必须要种粮食。利用稻田养鱼的核心就是"粮食不减产，效益翻几番"，这就为土地流转创造了良好条件。只有通过土地流转，将分散的土地集中起来，将农民联合起来，实行区域化布局、规模化开发、标准化生产、产业化经营、专业化管理、社会化服务，才能不断提高稻田的综合生产能力，这才属于农业现代化的范畴。我们可以通过稻田养鱼等模式，推进土地规模流转，带动当地村民种稻养鱼致富、迁村腾地建镇，实现地增多、粮增产、田增效，农民增收、集体增利、经营主体增效，使农村变成新城镇、农民转为新市民，实现传统农业向农业现代化的跨越。

五、 养鱼稻田的生态条件

养鱼的稻田为了夺取高产，获得稻鱼双丰收，需要一定的生态条件作保证。根据稻田养鱼的原理，我们认为养鱼的稻田应具备以下几个生态条件：

1. 水温要适宜

稻田水浅，一般水温受气温影响甚大，有昼夜和季节变化，因此稻田里的水温比池塘的水温更易受环境的影响。另外鱼都是变温动物，其新陈代谢强度直接受到水温的影响，所以稻田水温将直接影响水稻的生长和鱼的生长。为了获取稻和鱼的双丰收，必须为它们提供合适的水温条件。

2. 光照要充足

光照不但是水稻和稻田中一些植物进行光合作用的能量来源，也是鱼生长发育所必需的，因此可以这样说，光照条件直接影响稻谷产量和鱼的产量。每年的6～7月份，秧苗很小，因此阳光可直接照射到田面上，促使稻田水温升高，浮游生物迅速繁殖，为鱼生长提供了饵料。水稻生长至中后期时，也是温度最高的季节，此时水稻茂密，正好可以用来为幼小的鱼遮阴、利其躲藏，是有利于鱼的生长发育的。

3. 水源要充足

水稻在生长期间是离不开水的，而鱼的生长虽然可以短时间内离开水，但总的来说它们都是离不开水的。为了保持新鲜的水质，水源的供应一定要及时充足，一是将养鱼的稻田选择在不能断流的小河小溪旁；二是可以在稻田旁边人工挖掘机井，可随时充水；三是将稻田选择在池塘边，利用池塘水来保证水源。如果水源不充足或得不到保障，那是万万不可养鱼的。

4. 溶氧要充分

稻田水中溶氧的来源主要是大气中的氧气溶入和水稻及一些浮游植物的光合作用，因而氧气是非常充分的。科研表明，水体中的溶氧越高，鱼的摄食量就越多，生长也越快。因此长时间地维持稻田养鱼水体较高的溶氧量，可以增加鱼的产量。

要使养鱼稻田能长时间保持较高的溶氧量，一是适当加大养鱼水体，主要通过挖鱼沟、鱼溜和环沟来实现，面积可占整块稻田的8%～10%左右；二是尽可能地创造条件，保持微流水环境；三是经常换冲水；四是及时清除田中鱼未吃完的剩饵，当然对于其他生物尸体等有机物质也要及时清理，防止它们因腐败而导致水质的恶化。

5. 天然饵料要丰富

一般稻田由于水浅，温度高，光照充足，溶氧量高，适宜于水生植物生长，植物的有机碎屑又为底栖生物、水生昆虫和昆虫幼虫的繁殖生长创造了条件，从而为稻田中的鱼提供了较为丰富的天然饵料，有利于鱼的生长。

六、 稻田养鱼的模式

根据生产的需要和各地的经验，稻田养鱼的模式可以归类为三种类型：

（1）稻鱼兼作型　该模式也就是我们通常所说的水稻和鱼同养型，就是边种稻边养鱼，做到水稻和鱼两不误，力争双丰收，水稻田翻耕、晒田后，在鱼溜底部铺上有机肥作基肥，主要用来培养生物饵料供鱼摄食，然后整田。鱼种苗一般在插完稻秧后放养，单季稻田最好在第一次除草以后放养，双季稻田最好在第二季稻秧插完后放养。

单季稻养鱼，顾名思义就是在一季稻田中养鱼。单季稻主要是中稻田，也有用早稻田养鱼的。双季稻养鱼，顾名思义就是在同一稻田连种两季水稻，鱼也在这两季稻田中连养，不需转养。双季稻就是用早稻和晚稻连种，这样可以有效利用一早一晚的光合作用，促进稻谷成熟。

无论是一季稻还是两季稻，它们有一点是相同的，就是在稻子收割后稻草最好还田，一方面可以为鱼提供隐蔽的场所，另一方面稻草在腐烂的过程中还可以培育出大量天然饵料。这种模式是利用稻田的浅水环境，同时种稻和养鱼，通过投喂饵料，产量和效益会更高。在不影响水稻产量的前提下，每亩可增产 250 千克左右的鱼。

（2）稻鱼轮作型　该模式是先种一季水稻，待水稻收割后晒田 4～5 天，施好有机肥培肥水质后，暴晒 4～5 天，蓄水到 40 厘米深，然后投放鱼种苗，轮养下一茬的鱼，待鱼养成捕捞后，再开始下一个水稻生产周期。要注意的是，由于鱼都有冬眠的习性，鱼的苗种投放规格宜大一点，确保鱼在水稻收获后能快速养殖两个月左右的时间，到来年春暖花开后继续养殖三个月左右的时间，就可以达到商品鱼上市的目的，接着就可以种植水稻了。这种模式的优点是利用本地光照时间长的优点，当早稻收割后，可以加深水位，人为形成一个个深浅适宜的"稻田型池塘"，有利于保持稻田养鱼的生态环境，另外稻谷收割后稻草最好还田，让它在稻田里慢慢腐败后可以培养大量的浮游生物，确保鱼有更充足的养料，当然稻草还可以为鱼提供隐蔽的场所。

（3）稻鱼间作型　这种方式利用较少，就是利用稻田栽秧前的间隙培育鱼类，然后将鱼起捕出售，稻田单独用来栽晚稻或中稻，这种情况主要是用来暂养或囤养鱼，具有时间短、效益好的优势。

七、　影响稻田养鱼效益的因素

影响稻田养鱼产量和效益的因素主要有以下几种，养殖户在养殖时一定要注意，力求避免这些不利影响。

1. 鱼苗种的质量影响效益

质量差的鱼苗种，一般都不外乎以下几种情况：亲本鱼培育得不好或近亲繁殖的鱼苗；鱼苗种繁殖场的孵化条件差、孵化用具不洁净，产出的鱼苗带有较多病原体（如病菌、寄生虫等）或受到重金属污染；高温季节繁殖的苗种，体质太嫩，导致质量较差；经过几次"包装、发运、放田"折腾的鱼苗。因此我们在进行鱼繁殖时要注意，尽可能避开这些风险。

2. 稻田条件改造影响效益

一些养鱼稻田的先天条件不好，而养殖户在从事养殖前对稻田的改造又没有到位，具体表现为单块稻田的面积太大且中间没有开挖田间沟；稻田不平整，呈现出一边田头沟里的水体过深而另一边田头沟却没有水；长年用于稻田养殖却没有对田埂进行维修或田间沟里的淤泥深厚等。这些因素导致稻田漏水、缺肥，水体中的饵料生物培育不好，鱼的生长不好，发育不良。

3. 稻田残毒影响鱼类的健康

主要是养鱼的稻田中残留毒性大，对鱼的身体造成损伤，甚至导致鱼大面积死亡。稻田中毒性存在的原因是：清整时的药力尚未完全消失就放入苗种；施用了过量的没有腐熟或腐熟不彻底的有机肥作基肥，长期在这种水体中生活的鱼也会中毒；也可能是添加了其他用过农药的农田里的水源；还有一种可能就是稻谷在收割后，稻桩处理不当，在短时间内迅速腐败，导致稻田里的亚硝酸盐及其他一些中性物质急剧上升。

4. 稻田里的敌害影响鱼的成活

主要体现在养鱼的稻田中敌害生物太多，而造成鱼苗甚至小规格的鱼种被大量捕食，导致鱼的成活率极低，当然产量也就极低。敌害生物太多也是有原因的，例如稻田的田间沟没有清整消毒，或清整消毒不彻底，或用的是已经失效的药物，或在注水时混进了野杂鱼的卵、苗、蛙、龙虾等敌害生物。

5. 养殖方式影响养鱼效益

由于各地的气候条件、水稻的耕作制度、水稻的栽培技术以及历史形成的操作习惯等都有很大的差异，从而导致了各地稻田养鱼方式的多样性，这些不同的养殖方式当然对养鱼的效益会产生直接的影响。

（1）稻鱼兼作与稻鱼轮作的方式　稻鱼兼作也就是在稻田插秧后不久放入鱼苗鱼种，在同一稻田中既种稻又养鱼。一般单季稻田和双季稻田都可以进行稻鱼兼作。稻鱼轮作也就是种一季稻养一季鱼，轮流进行。这种养殖方式，保证了鱼类的生活环境能比稻鱼兼作要更好，能得到明显改善，表现为收获稻谷后，稻田里放水形成了一个个的"稻田型池塘"，都可以进行鱼类的混养密养，通过采用人工投饵或养萍饲鱼，每亩鱼的产量和经济效益要比稻鱼兼作型成倍提高。稻鱼轮作，根据轮作的季节不同，可分为两种轮作方式，一是上半年种稻，下半年养鱼，也就是种一季早稻养一季鱼，在平原、丘陵双季稻区大都采用这种轮作方式来培育鱼种。另外一种就是上半年养鱼，下半年种稻，也就是说先养一季鱼，再种一季稻，这种轮作方式大都是在山区的单季稻区采用，以养殖成鱼为主。

（2）单季稻田和双季稻田养殖的方式　传统的稻田养鱼主要是在单季稻田里进行，大多数集中在一些山区里，主要是以养殖田鱼、鲤鱼和鲫鱼等为主。而双季稻田养鱼，一般是在早稻插秧后一个星期左右再放养鱼苗鱼种，在"双抢"期间需要安全度夏，到晚稻收割时起捕。由于双季稻田大多集中在平原、丘陵地区，土壤肥沃，稻田里的饵料生物非常丰富，稻鱼在同一时空的生长期长达5个月左右，因而无论是养殖鱼种，还是养殖成鱼，效果都比较好。

（3）粗养和精养方式　如果在稻田里鱼类的放养密度非常稀，鱼儿主要以稻田里的水蚯蚓、水蚤等天然饵料为食，一般是不投喂或者很少进行投喂，这样的稻田养鱼方式就属于粗养方式。相反，如果稻田里的放养密度较高，放养的品种也是多样化的，这些鱼除了利用稻田里的天然饵料外，还进行人工投喂精养，也可以在稻田里进行养萍饲鱼，这些都属于稻田精养型。采用这种类型，鱼类的产量当然就高，效益也就好了许多。

（4）养殖成鱼和养殖鱼种的方式　养殖成鱼是指利用稻田的生态环境，在稻田中直接养成符合商品规格的食用鱼。一般在淡水养殖面积比较少的地方，基本上都采用养殖成鱼的方式，主要养殖品种是普通鲤鱼、田鱼、罗非鱼和鲫鱼等。养鱼种则是指利用稻田的生态环境进行鱼种的培育，为来年在稻田里养殖成鱼做好服务。其主要是培育草鱼、鲤鱼、锦鲤、鲢鱼、鳙鱼和团头鲂等鱼种，在淡水养殖区附近或养殖面积较大的南方被普遍采用。

八、 稻田养鱼的发展趋势

近十年来，在全国各地各级渔业主管部门的大力推动下，在各地水产技术推广机构和广大农民的共同努力下，稻田养鱼得到快速、健康发展，实现了"一水两用、一田双收、稳粮增效、粮鱼双赢"，同时还拓展了水产业的发展空间，推动了大农业转型升级、提质增效，保障了粮食安全、食品安全和生态安全。特别是近三年，各地把稻田综合种养作为农业转方式、调结构的重要抓手强力推进，各级财政安排专项资金予以扶持，通过规划引领、政府引导、市场主导、企业与合作社带动、农民主体、试验示范、强力推广、典型引路、部门联动，因地制宜，稳步推进。例如2016年，安徽省稻田综合种养面积突破100万亩，产优质稻谷60万吨，有机水产品10万吨，为农民创收近40亿元。

稻田养鱼未来的发展趋势主要表现在三个方面：一是由单一种养模式向复合种养模式发展，如鱼稻、虾蛙稻、鳖虾鱼稻、蟹蛙稻、蟹虾鱼稻、稻虾稻、稻蛙稻等多种发展方向；二是由稻田养鱼向稻鱼生态种养发展，具体体现在农药和化肥已大幅减少，稻田生境已逐步得到修复，种养技术正日趋成熟，如鳖虾鱼稻技术已能完全做到"全年候生产，全生态种养"；三是由行业行为向地方政府行为和国家战略发展，这是由稻田养鱼有利于国土整治、土壤修复、高标准农田建设、土地流转、新型经营主体培育、粮食安全和农业现代化的优势地位所决定的。

各地的实践证明，发展稻田养鱼，既保障了"米袋子"，又丰富了"菜篮子"，既鼓起了"钱袋子"，又确保了"舌尖上的安全"，还有效地破解了"谁来种地"和"如何种好地"的难题，是一条"催生农业现代化、保护农业环境和生态"的现代农业发展之路。稻田综合种养，技术成熟且容易掌握，可以说一看就懂、一学就会、一用就灵，值得大力推广应用。

九、 降低稻田养鱼成本的措施

在稻田里养鱼的目的是要赚钱，这是所有种植户和养殖户的共同心声，除了养出个体大、颜色艳丽、产量高的水产品外，科学管理、适当降低稻田鱼的饲养成本也是重要的措施之一。如何做到有效地降低稻田养殖成本呢？可以使用的措施包括以下几点：

① 因地制宜，根据各地的具体气候和水域条件，充分利用现有的适合养鱼的稻田，减少田间工程量，节省建设投入。

② 充分发挥肥料的作用，积极培肥水质，为鱼苗鱼种提供天然饵料。但是要控制肥料施用的质量和次数，确保水质适度，饵料丰富。水质不宜过肥，否则容易造成鱼的缺氧，从而影响其生长发育。

③ 合理饲喂，提高饲料利用率，积极发挥地方的天然饵料资源。刚下田时应及时给鱼苗投喂适合的饲料，如轮虫、小型浮游植物、熟蛋黄等。鱼苗慢慢长大能自己摄食水中微生物和动植物碎屑时，可用颗粒饲料投喂。可利用房前屋后大力培育蚯蚓、水蚤等活饵料。

④ 做好稻田鱼病害的防治工作，尤其要注意预防鱼的疾病。一方面预防好了，可以促使稻田里的鱼健康成长；另一方面做好了疾病的预防工作，可以有效地减少疾病所带来的损失。养殖户要牢记一个观念，"没有伤亡就是最高的产量"，只有成活率提高了，产量才能得到保证。

十、 提高稻田养鱼效益的方法

俗话说"水里摸葫芦"，说明在水里养东西还是有一定风险的。因此要想在稻田里养鱼能取得较好的效益，在讲究生态效益和社会效益的同时，一定要抓好经济效益，这是进行稻田养鱼持续、稳定、有序发展的基础。要想获得更好的经济效益，必须重点抓好以下几点工作：

1. 选择好适宜的品种，这是获利的前提

目前全国各地都大力推广稻田养鱼，如何选择合适的品种尤其是地方上有特色的品种是需要很好地调查研究的，最好是选择适合本地养殖的鱼类，例如福建青田的田鱼就适于在福建的稻田里养殖，影响最广，市场认知度最高，效益最好；山东人喜爱吃普通鲤鱼，因此在山东，可以大力发展稻田养殖普通鲤鱼。

2. 选择好优质的种苗是获益的条件

作为稻田养殖用的鱼苗鱼种，质量好是最基本的选择，因此在投放鱼苗鱼种时，必须选择体表无伤痕、无寄生虫感染、反应灵敏的苗种，对于那些有伤、有病的鱼则不宜用作稻田养殖。

3. 掌握科学的饲养技术是获益的关键

利用稻田养鱼，关键是要掌握一些科学的养殖技术。这些科学的养殖技术包括：饲养密度适宜，提供适口的饲料，营造并改善稻田里适宜的生态环境，提供适宜的水温条件，培育适宜的活饵料，加强对疾病的综合预防等。

4. 算好经济账

在进行稻田养殖前，一定要多看看别人的成功与失败、多了解当前的市场行情、多盘算，算好经济账。在调研中，我们发现也有一些农民朋友利用稻田养鱼，不但没赚到钱，还亏本了，亏损的一个重要原因就是盲目上马，一看到别人用稻田养鱼赚钱了，就认为这个好养，弄点鱼苗鱼种、把稻田挖个环沟、弄点饲料就可以等着数钱了，然后就迫不及待地跟风上马，根本就没有甚至就不会去核算养殖后的市场和成本的变化是否对自己的养殖有利？自己养殖出来的产品定位在哪儿？自己产品的盈利点有多大？这些问题根本就没考虑好。这种跟风养殖，风险非常大。

因此在进行稻田养鱼前，我们一定要先算账、算好账。这些账包括市场行情如何，生产资料的市场变化如何，利用稻田养殖出来的鱼如何宣传出去，有哪些人能知道你的稻田鱼和稻鱼米是绿色食品，市场价格趋势怎

样，你的心理预期价格是多少，如何控制养殖成本等，在确定成本可控、市场可抓、收益可靠后再进行养殖。

5. 养殖高质量的鱼

一旦进行养殖，就一定要全力以赴地把稻田鱼养大、养好、养成品牌，养出高质量的鱼，这样才能有好的市场，才能卖上好价格。例如绿色生态的稻田鱼，才能吸引人们，留住客人，尤其是回头客，这些回头客的口碑对于生态养殖出来的稻田鱼销售是非常重要的。因此，一定要严格按照有关食品卫生的标准去规范操作和生产，提倡合理密度无病化高效养殖的观念，目的是在养殖过程中尽量不使用化学药物，走稻田综合种养和生态养殖的路子，以保证养成的鱼是高品质的水产品，市场的认知度高，才是获得效益的保障。例如福建青田的"田鱼"就是一张名片，一个品牌，在社会上认知度非常高，价格也非常昂贵，市场上炙手可热。

6. 打出品牌

一个好的稻田养鱼的品牌，对它的销售是非常有帮助的，不但价格好，而且在市场上抢手。这方面的例子比较多，例如福建青田田鱼就已自成品牌。品牌是稻田养殖软实力和硬价值的体现，因此，我们在开发养殖高质量的稻田鱼和鱼稻米时，一定要做好品牌的营造。

7. 降低养殖成本

同样的产量、同样的市场，有的养殖户生产成本较低，那么他的收益自然就高，因此降本增效是在养殖时必须考虑的一件大事。这方面的技巧包括：选好养殖品种，选择合适苗种，自繁自育鱼种，准备饲料，以及科学投喂等。

8. 卖出高价

能将自己养殖的稻田鱼卖出高价，是养殖户最期望的结果。虽然古语说"酒香不怕巷子深"，好的稻田鱼产品不怕没有销路，但是由于养殖出来的量大，最好不要积压，要及时地销售出去以尽快地收回资金、盘活资产。养殖户应认真地研究市场、开发市场、引导市场，让市场能及时地知道并认可自己的稻田鱼品牌。好的稻田鱼生产出来后，要想卖出高价，不但要鱼的质量好、品牌响，也要适时地做一些广告宣传，使自己的好鱼能广而告之，扬名市场，这样就能卖出预期的好价钱。

养殖上有一句俗语"会养不会卖"，说的就是养殖出了优质的鱼，但是不会销售，结果也没有取得好的经济效益。因此在销售时既要考虑季节性，做好应时上市，也要考虑销售淡季的市场，做好轮捕轮放、瞄准上市。另外也要做好自己水产品的广告宣传，扩大知名度。既可以充分利用好传统媒体和政府的力量，也可以好好地利用现代自媒体的力量，如微信、微商等。

第三节　发展稻田养鱼前需要做好的准备工作

在决定进行稻田养鱼前，首先应打好基础，主要是要做好充足的准备工作，这些准备工作主要包括以下几点，其中任何一点都不能马虎，这样才能应对养鱼过程中可能出现的各种问题。

一、 做好知识储备工作

计划从事稻田养鱼的人员，在养殖前先要好好学习养鱼的基础知识，了解鱼的生活习性，掌握稻田的生态环境特点。根据鱼的习性，再结合本地的自然资源和稻田的光、气、水、热等天然资源，努力营造适合鱼生长的养殖环境，确保稻田养鱼的成功。

更重要的是要掌握科学的养殖技术。养殖人员应积极参加学习培训，掌握养鱼的一些基本技术，比如鱼苗的繁殖、鱼种在稻田里的培育、成鱼在稻田里的养殖、饵料的投喂技巧、病害防治等，然后到养殖场实地参观学习，学习并借鉴别人成功的经验，经过自己深入的调查研究，之后再动手养殖，尽量避免盲目性，少走弯路，减少不必要的经济损失。

二、 做好心理准备工作

在决定饲养前一定要做好心理准备，可以先问问自己几个问题：决定养了吗？怎么养？养殖哪些品种？采用哪种方式养殖？是稻田直接养殖还是稻田混养？是采用和水稻共作还是和水稻轮作？养殖的风险系数是多大？对养殖的前景和失败的可能性有多大的心理承受能力？决定投资多少？是业余养殖还是专业养殖？家里人是支持还是反对？等等。

三、 做好技术准备工作

利用稻田养鱼时，由于放养密度比较大，对饵料和空间的要求也大，因此，如果稻田养鱼时的喂养、防逃、疾病防治等技术不过关，会导致养殖失败。在实施稻田养鱼之前，要做好技术储备，多看书，多查阅资料，多学习，多向专家和资深养殖户请教。把养殖中的关键技术都了解清楚了，然后才能进行养殖。另外也可以少量试养，待充分掌握技术之后，再大规模养殖。

在生产推广中，我们发现有一些种田流转大户对稻田养鱼有一种认识上的误区，即认为自己身边的塘坝、沟渠里只要有水，就能养好鱼，对于稻田养鱼只要把稻田用防逃设施围好（养殖具有较强逃跑能力的水产品才用），开好田间沟，再投喂一些饲料就能养好鱼，并没有太多的技术可言。这种错误的认识往往会导致稻田养鱼的失败，甚至带来较大的损失。

随着水产产业化市场的不断变化、养殖技术的不断发展、科学发展的不断进步，我们在养鱼时可能会遇到新的问题、新的挑战，这就需要我们不断地学习，不断地引进新的养殖知识和技术，而且能够在现有技术基础上不断地改革和创新，再付诸实践，总结提升成为适合自己的养殖方法。

四、 做好市场准备工作

这个准备工作尤其重要，因为每个从事鱼类养殖的人都很关心。对鱼的市场要进行调研工作，一是要了解鱼的养殖市场，主要是了解现在鱼的市场是供大于求还是供不应求，哪种鱼好养？养出来的鱼（尤其是黄鳝、泥鳅等水产品）的市场究竟怎么样？前景如何？也就是说在稻田养殖前就应当知道养殖好的鱼怎么处理：是采用与供种单位合作经营（也就是保底价回收）还是直接到菜市场上出售？主要是为了供应苗种还是为了供应商品鱼？二是要了解鱼的收购市场，主要包括：市场的容量有多大？市场的收购价格是多少？如果一时卖不了（稻田又要进行下一茬口的安排）或者是价钱不满意该怎么办？商品鱼如何分级及分级的价格如何？收购商有哪些？收购商的信誉度如何？等等。

对于这些情况在养殖前也是必须要做好准备的，如果没有预案，万一出现意想不到的情况，稻田里养殖的鱼怎么处理，这确实是个严峻的问题。

针对以上的市场问题，养殖者一定要做到耳听为虚、眼见为实，进行准确判断。现在是市场经济时代，也是信息快速传播的时代，市场动态要靠自己去了解、去掌握、去分析，做到去伪存真，突破表面现象去看真实问题。

五、 做好风险意识准备工作

任何一种行业都是一种投资，有投资就有风险。在稻田里养鱼也有一定的风险，尤其是在高密度养殖条件下，更是存在着相当大的风险，这种风险除了技术上的风险、市场上的风险外，还有自然灾害和气候条件等带来的风险。因此，在养殖前要有足够的思想准备和抗衡经济风险的能力。

六、 做好养殖设施准备工作

在进行稻田养殖前，要做好基本的设施准备工作，这些工作主要包括适宜进行养鱼的稻田准备和饲料的准备。其他的准备工作包括专用繁育池的准备、网具的准备、药品的准备、投饵机的准备和增氧设备的准备等。另外对一些攀爬或逃跑能力较强的水产品如鳖、龟、龙虾、蟹、蛙等，还要做好防逃设施的准备，对于一些需要隐蔽场所进行蜕壳的甲壳类水产品如虾、蟹等，还需要做好水草的栽培工作。

养殖场所要选取既适合水稻种植又适合鱼养殖的稻田，尤其是稻田的水质一定要有保障，另外电路和通信也要有保障。

七、 做好苗种准备工作

"巧妇难为无米之炊"，种源是养殖的基础，没有好的种源，稻田养鱼也就无从谈起。因此在养殖前还要做好种源的保障工作，在养殖前就要对鱼苗鱼种来源的途径及可能产生的风险进行评估，权衡利弊。

1. 掌握种源的途径

例如在利用稻田养殖鲫鱼前就要了解自己准备养殖哪种鲫鱼，是普通鲫鱼还是异育银鲫、中科 3 号、淇河鲫、彭泽鲫等，在确定养殖的具体品种后，再积极寻找相应的种源途径，即确定是从外地购买还是从本地购买，是自己育种还是从别的养殖场引种，这一切的工作都要做到位。

2. 不要落入炒种的陷阱

从事稻田养鱼尤其是稻田养殖黄鳝、泥鳅、中科 3 号鲫鱼等名优水产品的利润丰厚。在苗种购买前，要实地考察具有一定科技含量的养殖示范基地，对一些以养殖为名、炒作种源为实的所谓的大型养殖场（公司），要加以甄别，不要落入炒种的陷阱。引进优良的鱼品种，是养殖场和养殖从业者优化鱼种质的积极措施。由于我国对鱼苗种的流通缺乏强有力的监督与管控，许多供种单位就用一些养殖效益不好的或者是有病的苗种来冒充优质的或提纯的良种，结果导致养殖户损失惨重，因此在养殖前一定要做好苗种准备。最明显的例子就是这几年大做广告的"特大黄鳝""黄金鳝""泰国大黄鳝"等，以及近年来有点热的"台湾泥鳅"。初养的养殖户可以采取步步为营的方式，用自培自育的苗种来养殖，慢慢扩大养殖面积，这种效果最好，可以有效地减少损失。

八、 做好饵料储备工作

饲料对鱼类养殖至关重要，在养殖前要准备好充足的饲料。稻田养鱼也需要投喂，那么饵料的成本就是很大的一笔开支，对于养鱼数量少的一般养殖户，可以充分利用周边现有的自然资源，采取人工培育活饵料的方法来解决鱼的饵料问题，而且为了确保鱼进入稻田后就能吃上饵料，活饵料的培育工作要提前进行。但是对于大规模的稻田养殖农户来说,在养殖前要准备购买并储存充足的颗粒饲料。生产实践已经证明,如果准备的饲料质量好、数量足,养殖的产量就高、质量就好,从而效益也比较好。反之则效益较差。

九、 做好养殖资金的准备工作

在稻田里养殖比单纯稻田种植的投入要高一倍以上,尤其是养殖黄鳝、泥鳅等名优水产品。在规模化稻田养殖时的投入成本是比较高的,风险也是比较大的,当然也需要足够的资金作为后盾,因为鱼的苗种需要钱,饲料需要钱,一些基础养殖设备需要钱,人员工资需要钱,稻田需要租金,稻田改造及田间沟的开挖和敌害清除等都需要钱。因此在养殖前必须做好资金的筹措准备。养殖户在决定养殖前,应先去市场多跑跑、多看看,再上网多查查、向周围的人或老师多问问,最后再决定自己的投入资金。如果实在不好确定,也可以先尝试着少养一点,主要是熟悉所养殖的鱼的生活习性和养殖技术,等到养殖技术熟练、市场明确时,再扩大生产。

十、 做好养殖模式的准备工作

养殖模式的选择要根据客观实际情况而定,养殖场所的特点以及资金设备投入的多少等都将影响最后的选择结果。我们在调查研究过程中,发现现在人们进行稻田养鱼时,主要的养殖模式有以下几种:

1. 自己养殖自己销售

这种养殖模式就是养殖户养殖出来的商品鱼,自己拿到菜市场上销售,或者是自己有专门的销售渠道,这样就可以减少中间环节,争取养殖效益的最大化。但是这种方式可能牵扯更多的精力和时间。对于养殖面积不大的稻田来说,这种方式是可以采用的。

2. 自己养殖供别人销售

这种养殖模式就是养殖户自己养殖出来的商品鱼先采用统价的方式卖

给商贩，再由这些商贩进行筛选后，按规格或不同的市场要求再次出售。也可以养殖户和经销商直接对接，由养殖户负责养殖和生产，经销商负责鱼的销售。采用这种模式养殖时，一定要有可靠的销路保障。由于市场依靠别人，在养殖过程中一是要注意养殖成本的控制；二是要能及时更多地提供优质产品；三是要及时回收资金，以利于再生产。如果有一时没有销出去的商品鱼，建议不要积压，可以另寻其他的买家。

3. 公司+农户方式

这种模式是以一家专门养鱼的公司为基础，这个公司既可以是稻田养鱼的技术服务单位，也可以是供种单位，还可以是本地从事水产养殖的公司，通过联系一家一户的农民从事稻田养鱼，采用公司＋农户的养殖形式，发展一支懂养殖技术、防疫、加工、销售的专业队伍，从而形成产、供、加、销"一条龙"的新型购销模式。这种模式促进了产业结构调整，实现了农企双赢，同时也充分利用了农村丰富的农产品衍生物，带动了运输业，解决了部分下岗职工和农村剩余劳动力，在促进当地农村经济发展方面起到了生力军作用。

公司＋农户的模式最典型的经营方式是，由农户负责提供养殖场所、筹措部分资金、提供劳动力，公司以低于市场的价格来为养殖户提供优质的苗种，同时负责指定技术员上门进行技术指导，统一销售，养殖出来的产品最后由公司按当初合同上约定的保底价格回收。

4. 合作社方式

目前稻田养鱼大都还处于零星散养的模式，在传统的散户养殖经营中，其规模小，信息流通差，产量低，虽然质量较高，但是好的鱼找不到识货的主、而想吃好鱼的市民却找不到养稻田鱼的农户，如何解决这些问题，提升稻田鱼的市场竞争力，为养殖户增收提供可靠保障？新形势下的新问题要有新思维、新办法，创办稻田养殖专业合作社，可依靠科技、促进经济社会协调发展，充分发挥稻田养殖专业合作社技术人员的优势和特点，以科技示范户为基础，加强对市场的分析预测，提高信息的准确性，为定位、定向、定量组织不同鱼的稻田养殖和销售提供决策依据，形成一个技术、产、供、销网络，为养殖户增收致富提供新途径。

作为合作社，就要有相应的规章制度，实行稻田养鱼的科学管理，采取"七统一"的管理制度，即统一供种、统一技术、统一管理、统一用药、统一质量、统一收购、统一价格。购买苗种时，由合作社统一联系，邀请有资质、有技术保障的公司送种到家，负责技术指导。同时利用远程教育、广播、会议培训、发放技术资料等形式传授养殖技术。这种"七统一"的管理制度，不仅可以扩大当地稻田养殖规模，依靠规模效应，提高市场竞争力，而且还避免了养殖户之间的无序竞争压价。

第二章

养鱼稻田的处理

第一节　科学选择稻田

良好的稻田条件是获得高产、优质、高效鱼产品的关键之一。稻田是鱼的生活场所，是它们栖息、生长、繁殖的环境，许多增产措施都是通过稻田环境作用于鱼，所以说稻田环境的优劣，对于鱼的生存、生长和发育有着重要的影响。环境的优劣不但直接关系到鱼产量的高低，而且对于从事稻田养鱼的生产者能否获得较高的经济效益至关重要，同时对稻田综合种养长久的发展有着深远的影响。

总的来说，在选择地址时，要求养鱼的稻田既不能受到污染，同时又不能污染环境，还要方便生产经营、交通便利且具备良好的疾病防治条件。在地址的选择上重点要考虑稻田位置、面积、地势、土质、水源、水深、防疫、交通、电源、稻田形状、周围环境、排污与环保等诸多方面，需周密计划，事先勘察，才能选好地址。在可能的条件下，应采取措施改造稻田，创造适宜的环境条件以提高稻田里水稻和鱼的产量。

一、　养鱼稻田的自然条件

养鱼的稻田要有一定的环境条件才行，不是所有的稻田都能养鱼，因此在规划设计时，要充分勘察了解规划建设区的地形、水利等条件，有条件的地区可以考虑充分利用地势自流进排水，以节约动力提水所增加的电力成本。同时还应考虑洪涝、台风等灾害因素的影响，对连片稻田的进排水渠道、田埂以及房屋等建筑物应注意考虑排涝、防风等问题。

二、　养鱼稻田对水源的要求

水源是鱼养殖的先决条件之一，只要是无污染的江、河、湖、库、井水及自来水均可用于稻田养鱼。在选择水源的时候，首先供水量一定要充足，不能缺水，包括鱼的养殖用水、水稻生长用水以及工人生活用水，确保雨季水多不漫田、旱季水少不干涸、排灌方便、无有毒污水和低温冷浸水流入；其次是水源不能有污染，水质良好，要符合饮用水标准。在养殖之前，一定要先观察养殖场所周边的环境，不要选在化工厂附近，也不要选在有工业污水注入区的附近，因为这些污染物极有可能造成稻田鱼的大量死亡。

水源分为地面水源和地下水源，无论是采用哪种水源，一般应选择在水量丰足、水质良好的水稻生产区进行养殖。如果采用河水或水库水等地表水作为养殖水源，要考虑设置防止野生鱼类及其他敌害生物进入的设施，以及周边水环境污染可能带来的影响，还要考虑水的质量，一般要经严格消毒以后才能使用。如果没有自来水水源，则应考虑以深井水等地下水作为水源，因为在 8～10 米的深处，细菌和有机物相对较少。另外还要考虑供水量是否满足养殖需求，一般要求在 10 天左右能够把稻田注满且能循环用水一遍。因此要求农田水利工程设施要配套，有一定的灌排条件。

三、 养鱼稻田对土质的要求

稻田的土壤与水直接接触，对水质的影响很大。在养殖前，要充分调查了解当地的地质、土壤、土质状况，要求一是待养殖的稻田土壤以前没有被传染病或寄生虫病病原体污染过，二是具有较好的保水、保肥、保温能力，三是要有利于浮游生物的培育和增殖。不同的土壤和土质对鱼类养殖的建设成本和养殖效果影响很大。

根据生产经验，饲养鱼的稻田土质要肥沃，以弱碱性、高度熟化的壤土最好，黏土次之，沙土最劣。由于黏性土壤的保持力强，保水力也强，渗漏力小，渗漏速度慢，干涸后不板结，因此这种稻田是可以用来养鱼的。而矿质土壤、盐碱土以及渗水漏水、土质瘠薄的稻田均不宜养鱼。沙质土或含腐殖质较多的土壤，保水力差，在进行田间工程尤其是做田埂时容易渗漏、崩塌，不宜选用。

四、 养鱼稻田对面积和田块的要求

选作养鱼的稻田面积不宜过大，一般为 3～5 亩左右，最大的不宜超过 15 亩，通常以低洼田、塘田、岔沟田为宜。为了保证养鱼的稻田达到一定的水位，防止田埂渗漏，增加鱼活动的立体空间，有利于鱼的养殖，提高鱼的产量，就必须加高、加宽、加固田埂，要求田埂比较厚实，一般比稻田平面高出 0.5～1 米，埂面宽 2 米左右，并敲打结实，堵塞漏洞，要求做到不裂、不漏、不垮，在满水时不能崩塌而导致鱼逃跑，同时可提高蓄水能力。另外还要求田面平整，稻田周围没有高大树木，桥涵闸站配套，通水、通电、通路。

五、 养鱼稻田对交通运输条件的要求

交通便利主要是考虑运输的方便，如饲料的运输、养殖设备材料的运输、鱼种及商品鱼的运输等。如果养鱼的稻田的位置太偏僻，交通不便，不仅不利于养殖户自己的运输，还会影响客户的来往。另外养鱼的稻田最好是靠近饲料的来源地区，尤其是天然动物性饲料来源地一定要优先考虑。

第二节　稻田的田间工程建设

一、 开挖田间沟

这是科学养鱼的重要技术措施，稻田因水位较浅，夏季高温对鱼的影响最大，因此必须在稻田四周开挖环形沟。在保证水稻不减产的前提下，应尽可能地扩大鱼沟和鱼溜面积，最大限度地满足鱼的生长需求。鱼沟的位置、形状、数量、大小应根据稻田的自然地形和稻田面积的大小来确定。一般来说，面积比较小的稻田，只需在田头四周开挖一条鱼沟即可；面积比较大的稻田，可每间隔 50 米左右在稻田中央多开挖几条鱼沟，当然周边沟较宽些，田中沟可以窄些。

稻田养鱼时，需要在稻田里挖掘一些田间沟，根据生产实践，目前使用比较广泛的田间沟有以下几种：

1. 沟溜式田间沟

凡是水源充足、水质良好、排灌方便、旱涝均能保水的稻田均可采用这种田间沟。沟溜式田间沟的开挖形式多样，先在田块四周内外挖一套围沟，其宽5米，深1米，位置离田埂1米左右，以免田埂崩塌堵塞鱼沟，沟上口宽3米，下口宽1.5米，开挖沟溜的田土用于田埂的加高、加固。然后在田内开挖多条"田""十""日""弓""井"或"川"字形水沟，鱼沟宽60～80厘米，深20～30厘米，在鱼沟交叉处挖1～2个鱼溜，鱼溜开挖成方形、圆形均可，面积1～4米²，深40～50厘米。鱼溜形状有长方形、正方形和圆形等，总面积占稻田总面积的5%～10%。鱼溜的作用是，当水温太高或偏低时，为养殖的鱼类提供避暑防寒的场所；在水稻晒田和喷农药、施肥及夏季高温时为鱼提供隐蔽、遮阴、栖息的场所，同时鱼溜在起捕时便于集中捕捉，也可作为暂养池（图2-1）。

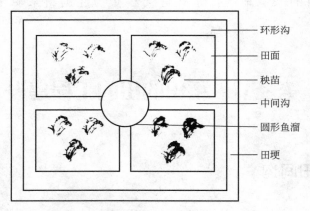

图2-1　沟溜式田间沟

2. 宽沟式田间沟

这种稻田工程类似于沟溜式田间沟，就是在稻田进水口的一侧田埂的内侧方向，开挖一条深1.2米、宽3.5米的宽沟，这条宽沟的总面积为稻田总面积的7%左右。宽沟的内埂要高出水面25厘米左右，每间隔5米开挖一个宽40厘米的缺口与稻田相连通，这样的目的是保证鱼能在宽沟和稻田之间顺利且自由地进出。另外，结合稻田作业和改造，再开"田"字形鱼沟，鱼沟交界处挖鱼溜。大小鱼沟和鱼溜的总面积控制在稻田总面积的 10％以内。在春耕前或插秧期间，可以让鱼在宽沟内暂养，待秧苗返青后再让鱼进入稻田里活动、觅食（图 2-2）。

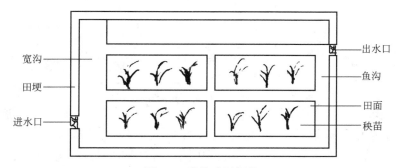

图 2-2　宽沟式田间沟

3. 田塘式田间沟

田塘式田间沟也叫鱼凼式田间沟。田塘式田间沟有两种：

一种是不减少稻田里稻谷的栽种面积，直接将养鱼塘与稻田接壤相通，鱼可在塘、田之间自由活动和吃食，这种方式主要是利用了原来的塘，可以减少稻田工程的土方量。

另一种就是适当减少稻谷的栽种面积，按田面面积的一定比例开挖一个鱼凼，增加稻田里沟池的面积，这样做的目的是使鱼类养殖能做到精养与粗养相结合。在稻田内部或外部低洼处挖一个鱼塘，鱼塘与稻田相通，如果是在稻田里挖塘，鱼塘的面积占稻田面积的 10％～15％，深度为 1～1.5 米。鱼塘与稻田以沟相通，沟宽、深均为 0.5 米。由于增加了沟池的面积，加大了贮水量和鱼类的活动场所，便于人们将池塘养鱼用的技术顺利地嫁接并运用到稻田养鱼中，也有利于稻田抗旱。据测算，该种方法的鱼产量是传统稻田养鱼的三倍以上。为了防止鱼苗鱼种尤其是草食性鱼种（如草鱼、团头鲂等）对秧苗造成伤害，一般是在池的一周筑上一圈略高一点的小埂，通过小埂使鱼池与稻田临时性分开，待秧苗返青时再挖开鱼池埂，使田间沟、鱼池相通，让鱼能自由出入沟、池和稻田。当在稻田中施肥、用药和晒田时，鱼池就会成为鱼类最好的避让场所。如果放养的鱼种较大，可以用篱笆将鱼拦在池内，并适当投喂，待田间禾高秆硬、杂草长出后，抽开篱笆，放鱼入田（图 2-3）。

鱼凼一般设在稻田中央或背阴处，但不能设在进、排水口及稻田的死

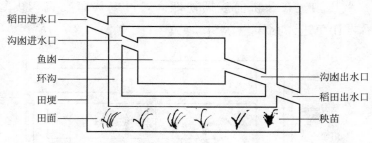

图 2-3 鱼凼式田间沟

角处。鱼凼的形式以椭圆锅底形或长方形为好。鱼凼最好挖成二级坡降式，即在上部1米处按坡比1：0.5开挖，而下部则按1：1开挖，两部分中间留一宽30厘米的平台。有条件的地方，为保证不塌陷，应用石条、石板、水泥板、碎石等护坡。为防止淤泥进入鱼凼，应在鱼凼口边缘筑高20厘米、宽30厘米的小埂。稻田的四周距田基3～3.5米处开挖一圈40厘米深、30厘米宽的环沟。

4. 垄稻沟鱼式田间沟

垄稻沟鱼式田间沟又称半旱式田间沟，就是垄上种稻，沟中养鱼，稻鱼并重。水稻种在垄上，边行的优势明显，而且它所需要的水分和空气能保证充足，因此稻株根深叶茂。鱼在沟中生长，水体宽阔且饵料充足，因此个体长得快，而且肥美度也好。这种田间沟的模式是稻鱼互促互利的典型。它的开挖方式是把稻田的周围沟挖宽挖深，田中间也隔一定距离挖宽的深沟，所有的宽的深沟都通鱼溜，养的鱼可在田中四处活动觅食。在插秧后，可把秧苗移栽到沟边，沟四周栽上占地面积约1/4的水花生作为鱼栖息场所（图2-4）。

5. 流水沟式田间沟

这是充分利用流水沟可常年流水的优势，根据流水养鱼原理而设计出的一种稻田养鱼方式，在水源充足、排灌方便的稻田，根据地形在稻田的进水口一侧距进水口1米处开挖深1～1.5米、占总面积4%～6%的长流水沟，也就是我们所说的鱼溜，在沟内养鱼，以此来解决养鱼和种植水稻的矛盾，与田面交接处设高15厘米、宽20厘米的小田埂。接连鱼溜顺着田边开挖水沟，围绕田一周，在鱼溜另一端沟与鱼溜接壤，小田埂与田间

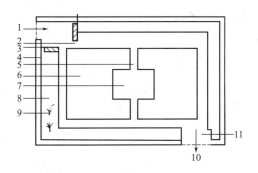

图 2-4　垄稻沟鱼式田间沟

1—进水口及拦鱼栅；2—围沟（田间沟）；3—凼埂；4—田埂；5—垄沟；6—垄面；

7—田中鱼凼；8—垄面；9—秧苗；10—出水口及拦鱼栅；11—田角鱼凼

设 2～4 个缺口，田中间隔一定距离开挖数条水沟，均与围沟相通，使坑内的水与田内的水相通，形成一个活的循环水体，这对田中的水稻和鱼的生长都有很大的促进作用。还有一种方式就是鱼坑设在田中央，田的中央设"十"字形中央沟，田四周设一圈环沟，沟的宽、深均为 25 厘米，沟、坑相通。

　　此外还可利用田埂种豆、水面养萍、水中养鱼、沟上搭棚种瓜等立体养殖与经营模式，提高稻田利用率，达到鱼稻双丰收的目的（图 2-5）。

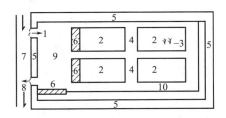

图 2-5　流水沟式田间沟

1—进水口及拦鱼栅；2—垄面；3—秧苗；4—鱼沟；5—田埂；6—小田埂；

7—农田灌溉渠；8—出水口及拦鱼栅；9—流水坑沟；10—田间沟（围沟）

6. 回形沟式田间沟

　　回形沟式田间沟就是把稻田的田间沟或鱼沟开挖成"回"字形，这种方式的优点是在水稻生长期，实现了稻鱼共生、确保既种水稻又养鱼的目的；当稻谷成熟收割后，可以提高水位，甚至完全淹没稻田的内部，增加水体的空间，非常有利于鱼的养殖。其他的和沟溜式田间沟相似（图2-6）。

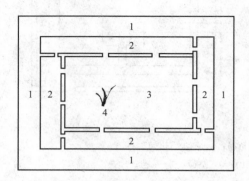

图2-6 回形沟式田间沟

1—田埂；2—围沟；3—分块的稻田田面；4—秧苗

二、 加高、 加固田埂

为了保证养鱼的稻田达到一定的水位和防止稻田内鱼的外逃，防止田埂渗漏，增加鱼活动的立体空间，有利于鱼的养殖并提高产量，就必须加高、加宽、加固田埂。可将开挖环形沟的泥土垒在田埂上，确保田埂高达1.0～1.2米、宽1.5～2米，并打紧夯实，要求做到不裂、不漏、不垮，在满水时不能崩塌跑鱼。如果条件许可，可以在田埂上种植一些黑麦草、南瓜、黄豆等植物，既可以为周边沟遮阳，又可以利用其根系达到护坡的目的。

三、 进排水系统要完善

进排水系统是稻田养鱼非常重要的组成部分，其规划建设的好坏直接影响到鱼类养殖的生产效果和经济效益。稻田养殖的进排水渠道一般是利用稻田四周的沟渠建设而成，对于大面积连片养殖稻田的进排水总渠在规划建设时应做到进排水渠道独立，严禁进排水交叉污染，从而防止鱼疾病传播。设计规划连片稻田进排水系统时还应充分考虑稻田养殖区的具体地形条件，尽可能采取一级动力取水或排水，合理利用地势条件设计进排水自流形式，降低养殖成本。可按照高灌低排的格局，建好进排水渠，做到灌得进、排得出，定期对进排水总渠进行整修消毒。稻田的进排水口应用双层密网防逃，同时也能有效地防止蛙卵、野杂鱼卵及其幼体进入稻田危害鱼苗。为了防止夏天雨水冲毁田埂，可以开设一个溢水口，溢水口也用双层密网过滤，防止鱼乘机顶水逃走。

四、 做好防逃措施

稻田的进排水口尽可能设在相对应的田埂两端，便于水均匀畅通地流经整块稻田。在稻田养鱼时，既要有利于田水的灌溉，又要防止鱼的逃跑，因此一定要在进排水口处安装坚固的拦鱼设施。拦鱼设施可用铁丝网、竹条、竹篾、柳条或塑料窗纱等材料制成。拦鱼栅应安装成圆弧形，凸面正对水流方向，即进水口弧形凸面面向稻田外部，排水口则相反。拦鱼栅孔大小以不阻水、不逃鱼为度并用密眼铁丝网罩好，以防逃鱼。另外稻田开设的进排水口应用双层密网防逃，同时也能有效地防止野杂鱼卵及其幼体进入稻田危害养殖的水产品。同时为了防止夏天雨水冲毁堤埂，稻田应开施一个溢水口（也叫平水缺），这种溢水口能有效地控制稻田里的水层深度，特别是在梅雨季节和台风暴雨时，田水过多时，就可依靠它将稻田里过多的水迅速排放出去，溢水口可与出水口相结合，安置拦鱼栅，也用双层密网过滤，防止鱼乘机逃走。

第三节 稻田的清整与消毒

一、 稻田清整

稻田尤其是田间沟是鱼类生活的主要场所，稻田的环境条件直接影响到它们的生长、发育，对于多年养鱼的稻田，要及时清除田间沟内的淤泥、加固稻田的田埂，检查维修防逃设施，并对沟底进行不少于 15 天的冻晒，可有效杀灭稻田里的敌害生物如鲶鱼、乌鳢、蛇、鼠等，以及争食的野杂鱼类及一些致病菌。

1. 稻田清整的好处

定期对稻田进行清整，从养殖的角度上来看，有三个好处：一是通过清整稻田能杀灭稻田表层和田间沟底泥中的各种病原菌、细菌、寄生虫等，减少鱼类疾病的发生概率；二是可以杀灭对鱼苗鱼种有害的杂鱼和水生昆虫；三是通过清整后，可以将田间沟里的淤泥清理出来，一方面是加固田埂，另一方面还可以利用填在田埂上的淤泥来种植苏丹草、黑麦草等绿色青饲料，解决鱼类的饲料来源问题。

2. 稻田清整的时间

稻田清整最好是在春节前的深冬进行，可以选择在冬季的晴天来清整，以便有足够的时间进行田间沟底的曝晒。

3. 清整方法

待鱼类捕捞完毕后，先将田间沟里的水排干净，然后将沟底在阳光下曝晒一周左右，等沟底出现龟裂时，可挖去过多的淤泥，把挖出来的淤泥用来加固田埂，防止渗水、漏水。

二、稻田消毒

1. 生石灰消毒

（1）生石灰消毒的原理　生石灰的来源非常广泛，几乎所有的地方都有，而且价格低廉，是目前能用于消毒最有效的消毒剂。它的作用原理是：生石灰遇水后发生化学反应，释放出大量热能，产生具有强碱性的氢氧化钙，同时能在短时间内使水的 pH 值迅速提高到 11 以上，因此，这种方法能迅速杀死水生昆虫及虫卵、野杂鱼、青苔、病原体等。更重要的是，生石灰与底泥中的有机酸产生中和作用，使田水呈碱性，改良了水质和沟底的土质，有利于鱼类的生长发育。

（2）生石灰消毒的优点　生石灰是常用的消毒剂，具有以下优点：一是能迅速杀死隐藏在底泥中的乌鳢等害鱼、老鼠、水蛇、水生昆虫和虫卵、螺类、青苔、寄生虫和病原菌及其孢子等敌害生物，减少疾病的发生。

二是能改良稻田的水质，消毒后水的碱性增强，能使水中悬浮状的有机质沉淀，过于浑浊的田水得以适当澄清，从而使田水保持一定的新鲜度，非常有利于浮游生物的繁殖和鱼类的生长。

三是能改变稻田尤其是田间沟的土质，生石灰遇水后产生氢氧化钙，氢氧化钙吸收二氧化碳生成碳酸钙沉入沟底。碳酸钙能疏松淤泥，改善底泥的通气条件，加快细菌分解有机质的速度，并能释放出可被淤泥吸附的氮、磷、钾等营养物质，增加水的肥度，促进鱼类天然饵料的繁育。

四是生石灰可以将沟底中的氮、磷、钾等营养物质释放出来，增加水的肥度，可让田水变肥，间接起到了施肥的作用。

（3）干法消毒　生石灰消毒可分干法消毒和带水消毒两种。通常都是使用干法消毒，在水源不方便或无法排干田水的稻田才用带水消毒。

在鱼类放养前20～30天，先将田间沟的水基本排干，保留水深5～10厘米，在沟底四周选几个点，挖个小坑，将生石灰倒入小坑内，用量为每平方米100克左右，注水溶化，待生石灰化成石灰浆后，不待其冷却即用水瓢将石灰浆趁热向四周均匀泼洒，边缘和沟底中心都要洒遍。为了提高消毒效果，第二天可用铁耙将沟底淤泥耙动一下，使石灰浆和淤泥充分混合。然后再经5～7天晒塘后，经试水确认无毒，灌入新水，即可投放鱼苗鱼种。试水的方法是在消毒后的田间沟里放一只小网箱，放入20尾待养鱼苗，如果在24小时内，网箱里的鱼苗没有死亡也没有任何其他的不适反应，说明消毒药剂的毒性已经全部消失，这时就可以大量放养相应的鱼苗种了；如果24小时内仍然有试水的鱼苗死亡，则说明毒性还没有完全消失，这时可以再次换水，换水后1～2天再试水，直到完全安全后才能放养鱼苗。

（4）带水消毒　排水不方便或时间来不及时可带水消毒。这种方法的优点是速度快，节省劳力，效果也好；缺点是生石灰用量较多。

每亩水面水深0.6米时，用生石灰80千克溶于水中后，一般是将生石灰放入大木盆等容器中化开成石灰浆，操作人员穿防水裤下水，将石灰浆全沟均匀泼洒。用带水消毒法虽然工作量大一点，但它的效果很好，可以把石灰水直接灌进田埂边的鼠洞、蛇洞里，能彻底地杀死病害。

有的地方采用半带水消毒法，即水深 0.3 米，每亩用生石灰 45 千克，生石灰用量少，操作方便，效果也好。

稻田使用生石灰应注意几个问题：①选择没有风化的新鲜生石灰，已经潮解的生石灰会减弱其功效；②要掌握生石灰的用量，其毒性消失期与用量有关；③生石灰和稻田施肥不能同时进行，因为肥料中所含的离子铵会因 pH 值升高转化为非离子氨，对鱼类产生毒害作用，肥料中的磷酸盐会和钙发生化学反应，变成难溶性的磷酸钙，从而降低肥效；④生石灰不可与含氯消毒剂和杀虫剂同时使用，以免产生拮抗作用，减弱功效；⑤生石灰的使用要视稻田 pH 值具体情况而定。

2. 漂白粉消毒

（1）漂白粉消毒的原理　漂白粉遇水后能产生化学反应，产生次氯酸和碱性氢氧化钙，次氯酸具有强烈的杀菌和杀死敌害生物的作用。它的消毒效果常受水中有机物的影响，如稻田水质肥、有机物多，消毒效果就差一些。

（2）漂白粉消毒的优点　漂白粉消毒的效果与生石灰基本相同，但是它的药性消失快，而且用量少，因此在生石灰缺乏或交通不便的地区采用这个方法，对急于使用的稻田更为适宜。

（3）带水消毒　在用漂白粉带水消毒时，要求水深 0.5～1 米，漂白粉的用量为每亩田面 10～20 千克，先用木桶或瓷盆加水将漂白粉完全溶化后，全田均匀泼洒，也可将漂白粉顺风撒入水中，然后划动田水，使药物分布均匀。一般用漂白粉消毒后 3～5 天即可注入新水和施肥，再过两三天后，就可投放鱼苗鱼种进行饲养。

（4）干法消毒　在漂白粉干塘消毒时，漂白粉的用量为每亩田面 5～10 千克，使用时先用木桶加水将漂白粉完全溶化后，全田均匀泼洒即可。

（5）注意事项　首先是漂白粉一般含有效氯 30% 左右，而且它具有易挥发的特性，因此在使用前先对漂白粉的有效含量进行测定，在有效范围内（含有效氯 30%）方可使用，如果部分漂白粉失效，可通过换算来计算出合适的用量。

其次是漂白粉极易挥发和分解，释放出的初生态氧容易与金属起作用。因此，漂白粉应密封在陶瓷容器或塑料袋内，存放在阴凉干燥的地方，防止失效。加水溶解稀释时，不能用铝、铁等金属容器，以免其被氧化。

再次是操作人员施药时应戴上口罩，并站在上风处泼洒，以防中毒。同时，要防止衣服被漂白粉沾染而受腐蚀。

3. 生石灰、漂白粉交替消毒

有时为了提高消毒效果，降低成本，就采用生石灰、漂白粉交替消毒的方法，这比单独使用漂白粉或生石灰消毒效果好，也分为带水消毒和干法消毒两种。带水消毒，水深1米时，每亩用生石灰60～75千克加漂白粉5～7千克。干法消毒，水深在10厘米左右，每亩用生石灰30～35千克加漂白粉2～3千克，化水后趁热全田泼洒。使用方法与前面两种相同，7天后即可放鱼苗，效果比单用一种药物更好。

4. 漂白精消毒

干法消毒时，可排干田水，每亩用有效氯占60%～70%的漂白精2～2.5千克；带水消毒时，每亩每米水深用有效氯占60%～70%的漂白精6～7千克。使用时，先将漂白精放入木盆或搪瓷盆内，加水稀释后全田均匀泼洒。

5. 茶粕消毒

茶粕是广东、广西常用的消毒药物。它是山茶科植物油茶、茶梅或广宁茶的果实榨油后所剩余的渣滓，形状与菜饼相似，又叫茶籽饼。茶粕含皂苷，是一种溶血性毒素，能溶化动物的红细胞而使其死亡。水深1米时，每亩用茶粕25千克。将茶粕捣碎成小块，放入容器中加热水浸泡一昼夜，然后加水稀释连渣带汁全田均匀泼洒。在消毒10天后，其毒性基本上消失，可以投放鱼苗进行养殖。

需要注意的是，在选择茶粕时，尽可能地选择黑中带红、有刺激性、很脆的优质茶粕，这种茶粕的药性大，消毒效果好。

6. 生石灰和茶碱混合消毒

此法适合稻田进水后用，把生石灰和茶碱放进水中溶解后，全田泼洒，生石灰每亩用量50千克，茶碱10～15千克。

7. 鱼藤酮消毒

鱼藤酮又名鱼藤精，是从豆科植物鱼藤及毛鱼藤的根皮中提取的，能溶解于有机溶剂，对害虫有触杀和胃毒作用，对鱼类有剧毒。使用含量为7.5％的鱼藤酮原液，水深 1 米时，每亩使用 700 毫升，加水稀释后装入喷雾器中全田喷洒，能杀灭几乎所有的敌害鱼类和部分水生昆虫，对浮游生物、致病细菌和寄生虫没有什么作用。效果比前几种药物差一些，毒性7 天左右消失，这时就可以投放鱼苗了。

8. 巴豆消毒

巴豆是江浙一带常用的消毒药物，近年来已很少使用，而被生石灰等取代。巴豆是大戟科植物的果实，所含的巴豆素是一种凝血性毒素，只能杀死大部分敌害杂鱼，使鱼类的血液凝固而死亡，对致病菌、寄生虫、水生昆虫等没有杀灭作用，也没有改善土壤的作用。

在水深 10 厘米时，每亩用巴豆 5～7 千克。将巴豆捣碎磨细装入罐中，也可以浸水磨碎成糊状装进酒坛，加烧酒 100 克或用 3％的食盐水密封浸泡 2～3 天，用田水将巴豆稀释后连渣带汁全田均匀泼洒。10～15 天后，再注水 1 米深，待药性彻底消失后放养鱼苗。

要注意的是，由于巴豆对人体的毒性很大，田埂上种植的蔬菜，需要过 5～6 天以后才能食用。

9. 药物消毒时的注意事项

在稻田养殖鱼类时，经过消毒的稻田，能改善水体的生态环境，提高苗种的成活率，增加产量，提高经济效益。无论是采用哪种消毒剂和消毒方式，都要注意以下几点：

一是消毒的时间要恰当，不要太早也不宜过迟，一般在鱼类下塘前10～15 天进行比较合适。如果过早消毒，待加水后鱼却没有下塘，这时稻田里又会产生杂鱼、虫害等；如果过迟消毒，药物的毒性还没有完全消失时鱼苗鱼种已经到了田边，如果立即放苗，很有可能对鱼苗鱼种产生毒害作用，从而影响它们的生长，如果不放，鱼苗鱼种的暂存会增加成本且会影响到再次捕捞。

二是在鱼苗鱼种下塘前必须进行试水，只有在确认水体无毒后才能投放鱼苗鱼种。

三是为了提高药物消毒的效果，建议选择在晴天的中午进行药物消毒，而在其他时间尽量不要消毒，尤其是阴雨天更不要消毒。

三、 稻田培肥

1. 稻田施用常规肥

在稻田里养鱼时，采取培肥水质、培养天然饵料生物的技术是养鱼的重要保证。在稻田里适度施肥，能促进饵料生物生长。稻田养鱼的施肥，可以分为两种情况：一种是在鱼放养前施基肥，用来培养天然饵料生物；另一种是在养殖过程中，为了保证浮游生物不断，必须及时、少量、均匀地追施有机肥。稻田养鱼的施肥应采取"以基肥为主，追肥为辅；以有机肥为主，无机肥为辅"的施肥原则。有机肥可作基肥，也可作追肥。化肥则以作追肥为宜。

稻田肥料的施用量和施肥方法要根据稻田表土层富集养分、下层养分较少的养分分布特点和免耕抛秧稻扎根立苗慢、根系分布浅、分蘖稍迟、分蘖速度较慢、分蘖节位低、够苗时间较迟、苗峰较低等生育特点确定。我们在进行稻田养鱼时，基肥以腐熟的有机肥为主，于平田前施入沟、溜内，按稻田常用量施入鸡、牛、猪粪等农家肥，让其继续发酵腐化，以后视水质肥瘦适当施肥，促进水稻稳定生长，保持中期不脱力、后期不早衰、群体易控制。在抛秧前 2～3 天施用基肥，采用有机肥和化肥配合施用的增产效果最佳，且兼有提高肥料利用率、培肥地力、改善稻米品质等作用，每亩可施农家肥 300 千克、尿素 20 千克、过磷酸钙 20～25 千克、硫酸钾 5 千克。

放养鱼苗鱼种后一般不施追肥，以免降低田中水体溶氧，影响黄鳝和泥鳅的正常生长。如果发现稻田有脱肥的现象，则应及时少量施追肥。追肥以无机肥为主，采取勤施薄施的方式，以达到促分蘖、多分蘖、早够苗的目的。施追肥的原则是"减前增后，增大穗、粒肥用量"，要求做到"前期轰得起（促进分蘖早生快发，及早够苗），中期控得住（减少无效分蘖数量，促进有效分蘖生长），后期稳得起（养根保叶促进灌浆）"。禾苗返青后至中耕前追施尿素和钾肥 1 次，每平方米田块用量为尿素 3 克、钾肥 7 克，配施无机肥 30 千克，以保持水体呈黄绿色。抽穗开花前追施人畜粪 1 次，每平方米用量为猪粪 1 千克、人粪 0.5 千克。为避免禾苗疯长和烧苗，人畜粪的有形成分主要施于围沟靠田埂边及溜沟中，并使之与沟底淤泥混合。

在追施肥料时，先排浅田水，让鱼转到鱼沟、鱼溜中再施肥，有助于肥料迅速沉积于底泥中并为田泥和禾苗吸收，随即加深田水到正常深度；也可采取少量多次、分片撒肥或根外施肥的方法。在水稻抽穗期间，要尽量增施钾肥，可增强抗病力，防止倒伏，促进结实，成熟时秆青籽黄。

在施肥培肥水质时还有一点应引起养殖户的注意，最好是用有机肥进行培肥水质，在有机肥难以满足的情况下或者是稻田连片生产时，也可以施用化肥来培肥水质，同样有效果，只是化肥的肥效很快，培养的浮游生物消失得也很快，因此需要不断地进行施肥。生产实践表明，如果是施化肥，可施过磷酸钙、尿素、碳铵等，例如每立方米水可施氮素肥 7 克，磷肥 1 克。

2. 稻田施用生物鱼肥

生物鱼肥是一种新型高效复合肥料，它是针对无机肥和有机肥的缺点与弊端，应用先进的理论和技术，将无机元素、有机元素和生物活性物质科学地配比复合，研发出来的一种专门针对水产养殖的肥料。这种肥料是针对养鱼水体的理化要求和稻田养殖的营养需求特点，精心研制开发的含氮、磷、钙的复合肥料，根据水体施肥"以磷促氮、以微促长"的理论，合理配比各营养要素，充分发挥有机肥、无机肥、微量元素及微生物的不同特点，能在较短的时间内迅速培肥水质，促进优良藻类的大量繁殖、生长，控制藻相平衡，将老化水质转为嫩绿水质，水色鲜活，为鱼类创造良好的生活环境，增强浮游植物酶的活性、提高光合作用效率、增加水中溶氧。

生物鱼肥是替代传统无机肥和有机肥的新一代高效复合水产专用肥，能够综合调控水质，改善不良水体的生物群落结构，使养殖水体呈现出"肥、活、嫩、爽"的水质特色，保持养殖水环境的生态平衡，降低养殖对象的发病率等。另外还具有使用方便、使用量少的优势。这种肥料的缺点就是价格太高，应用成本较大，因此对于利用稻田养鱼的农户来说，要想全面应用还有一定难度。另外一个缺点就是由于这种肥料是刚刚研制出来的新型肥料，目前只是广谱性的，并没有专门针对某一种鱼类的生物肥。

生物鱼肥的施用也是有技巧的，其主要表现在以下几点：

一是在鱼苗鱼种放养前一周，用生物鱼肥施足基肥来培肥水质，施用量为4.0千克/（亩·米）。

二是在养殖过程中要根据水质肥度适时施加追肥，追肥量为每次2.0～3.0千克/（亩·米）。

三是施肥以晴天上午施用为宜，阴雨天不要施肥，以免影响效果。

四是施肥方法，先将本品溶于适量水中，等生物鱼肥充分溶解30～60分钟后均匀泼洒。

五是无论是施基肥还是施追肥，在施肥后的三天内，最好不换水或注水。

六是生物鱼肥具有特殊性质，不宜与碱性物质一起存放或施用。施生石灰前后一周内不宜施用生物鱼肥。

七是根据稻田的具体情况调整施肥量，如果田间沟内的淤泥过厚，应减少施肥量并配合使用底质改良剂。对于保水、保肥性能差的稻田，可适当增加施肥量。

八是根据季节和天气调整施肥量。3～5月，水温较低，鱼吃食量较少，水中营养物质易缺乏，可适当增加施肥量；6～9月，鱼类的摄饵量大，水质已较肥，可不施追肥或少施追肥；9月后，天气转凉，水质变淡，可酌情增加施肥量。

第三章

水 稻 栽 培

一、 水稻品种的选择

水稻品种要选择分蘖及抗倒伏能力较强，叶片开张角度小、修长、挺直，根系发达，茎秆粗壮，抗病虫害且耐肥性强的紧穗型，且穗型偏大的高产优质的杂交稻组合品种，生育期一般以 135～140 天为宜。以杂交粳稻 9 优 418（天协 1 号），杂交籼稻徽两优 6 号、丰两优 6 号、皖稻 181、中浙优 608、Q 优 108、培两优 288、Ⅱ优 63、D 优 527、两优培九、川香优 2 号等为选择品种。

二、 育秧前的准备工作

1. 苗床地的选择

免耕抛秧育苗的苗床地比一般育苗要求要略高一些，在苗床地的选择上要求选择没有被污染且无盐碱、无杂草的地方，由于水稻的苗期生长离不开水，因此要求苗床地的进排水良好且土壤肥沃，在地势上要平坦高燥、背风向阳、四周要有防风设施。

2. 育苗面积及材料

根据以后需要抛秧的稻田面积来计算育苗的面积，一般按 1 :（80～100）的比例，也就是说，育 1 亩地的苗可以满足 80～100 亩的稻田栽秧需求。

育苗用的材料有塑料棚布、架棚木杆、竹皮子、每公顷 400～500 个的秧盘（钵盘），另外还需要浸种灵、食盐等。

3. 苗床土的配制

苗床土的配制原则：床土疏松、肥沃，营养丰富、养分齐全，手握时有团粒感，无草籽和石块，更重要的是配制好的土壤渗透性良好、保水保肥能力强、偏酸性等。

三、 种子处理

1. 晒种

选择晴天，在干燥平坦的地上平铺席子或在水泥场摊开，将种子放在上面，厚度一寸，晒 2～3 天，为了提高种子活性，经验性的技巧是，可在白天晒种，晚上再将种子装起来，另外在晒的时候要经常翻动种子。

2. 选种

这是保证种子纯度的最后一关，主要是去除稻种中的瘪粒和秕谷，种植户自己可以做好处理工作。先将种子下水浸 6 小时，多搓洗几遍，捞除瘪粒。去除秕谷的方法也很简单，最好是用盐水来选种。其方法是先将盐水配制成 1∶13 的比例待用，根据计算，一般用约 144 千克水加 12 千克盐就可以制备出来，用鲜鸡蛋进行盐度测试，鸡蛋在盐水中露出水面 5 分硬币大小就可以了。把种子放进盐水中，就可以去掉秕谷，捞出稻谷洗 2～3 遍，即完成选种。

3. 浸种消毒

浸种的目的是使种子充分吸水有利于发芽；消毒的目的是通过对种子发芽前的消毒，来降低恶苗病的发生概率。目前在农业生产上用于稻种消毒的药剂很多，平时使用较为普遍的就是恶苗净（又称多效灵）。这种药物对预防发芽后的秧苗恶苗病效果极好，使用方法也很简单：取本品一袋（每袋 100 克），加水 50 千克，搅拌均匀，然后浸泡稻种 40 千克，在常温下可以浸种 5～7 天（气温高时浸的时间短些，气温低时浸的时间长些），浸后不用清水洗，可直接催芽播种。

4. 催芽

催芽是水稻种植过程中的一个重要环节，就是通过一定的技术手段，人为地催促稻种发芽，这是确保稻谷发芽的关键步骤之一。生产实践表明，在 28～32℃ 温度条件下进行催芽，能确保发出来的苗芽整齐一致。一些大型的种养户现在都有催芽器，这时用催芽器进行催芽效果最好。对于一般的种养户来说，如果没有催芽器，也可以通过一些技术手段来达到催芽的目的，如在室内地上、火炕上或育苗大棚内催芽，效果也不错，且经济实用。

这里以一般的种养户来说明催芽的具体操作：第一步是先把浸种好的种子捞出，自然沥干；第二步是把种子放到 40～50℃的温水中预热，待种子达到温热（28℃左右）时，立即捞出；第三步是把预热处理好的种子装到袋子中（最好是麻袋），放置到室内垫好的地上（地上垫 30 厘米稻草，铺上席子）或者火炕上，种子袋上盖上塑料布或麻袋；第四步是加强观察，在种子袋内插上温度计，随时看温度，确保温度维持在 28～32℃，同时保持种子的湿度；第五步是每隔 6 个小时左右将装种子的袋子上下翻倒一次，使种子温度与湿度尽量上下、左右保持一致；第六步是晾种，这是因为种子在发芽的过程中产生大量的二氧化碳，使口袋内部的温度自然升高，稍不注意就会因高温烤坏种子，所以要特别注意，一般 2 天时间就能发芽，当破胸露白 80％以上时就开始降温，适当晾一晾，芽长 1 毫米左右时就可以用来播种。

四、 播种

1. 架棚、 做苗床

一般水稻育苗棚的规格是宽 5～6 米、长 20 米，每棚可育秧苗 100 米^{2}左右。为了更好地吸收太阳的光照，促进秧苗的生长发育，架设大棚时以南北向较好。

可以在棚内做两个大的苗床，中间为步道，30 厘米宽，方便人进去操作和查看苗情，四周为排水沟，便于及时排除过多的雨水，防止发生涝渍。每平方米施腐熟农肥 10～15 千克，浅翻 8～10 厘米，然后搂平，浇透底水。

2. 播种时期的确定

应根据当地当年的气温和品种熟期确定适宜的播种日期。这是因为气温决定了稻谷的发芽，而水稻发芽最低气温为 10～12℃，因此只有当气温稳定通过 5～6℃时方可播种，时间一般在四月上中旬左右。

3. 播种量的确定

播种量多少直接影响到秧苗质量，一般来说，稀播能促进培育壮秧。旱育苗每平方米播量干籽 150 克（3 两），芽籽 200 克（4 两）；机械播秧盘育苗的每盘 100 克（2 两）芽籽，钵盘育苗的每盘 50 克（1 两）芽籽。超稀植栽培每盘播 35～40 克（0.7～0.8 两）催芽种子。总之播种量一定要严格掌握，不能过大，否则对育壮苗和防止立枯病极为不利。

4. 播种方法

稻谷播种的方法通常有三种。

（1）隔离层旱育苗播种　在浇透水的置床上铺打孔（孔距 4 厘米，孔径 4 毫米）塑料地膜，接着铺 2.5～3 厘米厚的营养土，每平方米浇 1500 倍敌克松液 5～6 千克，盐碱地区可浇少量酸水（水的 pH 值为 4），然后用手工播种，播种要均匀，播后轻轻压一下，使种子和床土紧贴在一起，再均匀覆土 1 厘米，然后用苗床除草剂封闭。播后在上边再平铺地膜，以保持水分和温度，以利于整齐出苗。

（2）秧盘育苗播种　秧盘（长 60 厘米，宽 30 厘米）育苗每盘装营养土 3 千克，浇水 0.75～1 千克，播种后每盘覆土 1 千克，置床要平，摆盘时要盘盘挨紧，然后用苗床除草剂封闭，上面平铺地膜。

（3）采用孔径较大的钵盘育苗播种　钵盘规格目前有两种，一种是每盘有 561 个孔，另一种是每盘有 434 个孔。目前常规耕作抛秧育苗所用的塑料软盘或纸筒的孔径都较小，育出的秧苗带土少，抛到免耕大田中秧苗扎根迟、立苗慢、分蘖迟且少，不利于秧苗的前期生长和鱼的及时进入，因此我们在进行稻鱼连作共生精准种养时，宜改用孔径较大的钵体育苗，可提高秧苗质量，有利于促进秧苗的扎根、立苗及叶面积发展、干物质积累、有效穗数增多、粒数增加及产量的提高。由于后一种育苗钵盘的规格能育大苗，因此提倡用 434 个孔的钵盘，每亩大田需用塑盘 42～44 个；育苗纸筒的孔径为 2.5 厘米，每亩大田需用纸筒 4 册（每册 4400 个孔）。播种的方法：先将营养床土装入钵盘，浇透底水，用小型播种器播种，每孔播 2～3 粒（也可用定量精量播种器），播后覆土刮平。

五、 秧田管理

俗话说："秧好一半稻"。育秧的管理技巧：要稀播，前期干、中期湿、后期上水，培育带蘖秧苗，秧龄 30～40 天，可根据品种生育期长短，秧苗长势而定。因此秧苗管理要求细致，一般分以下四个阶段进行：

1. 从播种至出苗时期的秧田管理

这段时间主要是做好大棚内的密封保温、保湿工作，保证出苗所需的水分和温度，要求大棚内的温度控制在 30℃ 左右，温度超过 35℃ 时就要及时打开大棚的塑料薄膜，达到通风降温的目的。这一阶段的水分控制是重点，如果发现苗床缺水就要及时补水，确保棚内的湿度达到要求。在这一阶段，如果发现苗床的底水未浇透，或苗床有渗水现象，就会经常出现出苗前芽有干枯的现象。一旦发现苗床里的秧苗出齐，就要立即撤去地膜，以免发生烧苗现象。

2. 从出苗开始到出现 1.5 叶期的秧田管理

在这个阶段，秧苗对低温的抵抗能力比较强，管理的重心是注意床土不能过湿，因为过湿的土壤会影响秧苗根的生长，因此在管理中要尽量少浇水；另外就是温度一定要控制好，适宜控制在 20～25℃，在高温晴天时要及时打开大棚的塑料薄膜，通风降温。

当秧苗长到一叶一心时，要注意防治立枯病，可用立枯一次净或特效抗枯灵药剂，使用方法为每袋 40 克兑水 100～120 千克，浇施 40 米² 秧苗面积。如果播种后未进行药剂封闭除草，那么一叶一心期是使用敌稗除草的最佳时期，用 20％ 敌稗乳油兑水 40 倍于晴天无露水时喷雾，用药量为每亩 1 千克，施药后棚内温度控制在 25℃ 左右，半天内不要浇水，以提高药效。另外，这一阶段的管理工作还要求防止苗枯现象或烧苗现象的发生。

3. 从 1.5 叶到 3 叶期的秧田管理

这一阶段在秧苗的离乳期前后，也是立枯病和青枯病的易发生期，更是培育壮秧的关键时期，所以这一时期的管理工作千万不可放松。由于这一阶段秧苗的特点是对水分最不敏感，但是对低温抗性强，因此在管理时，应将床土水分控制在一般旱田状态，平时保持床面干燥，只有当床土有干裂现象时才能浇水，这样做的目的是促进根系生长。棚内的温度可控制在 20～25℃，在遇到高温晴天时，要及时通风炼苗，防止秧苗徒长。

在这一阶段有一个最重要的管理工作不可忘记，就是要追一次离乳肥，每平方米苗床追施硫酸铵 30 克，兑水 100 倍喷浇，施后用清水冲洗一次，以免化肥烧叶。

4. 从 3 叶期开始直到插秧或抛秧的秧田管理

水稻采用免耕抛秧栽培时，要求培育带蘖壮秧，秧龄要短，适宜的抛植叶龄为 3～4 片叶，一般不要超过 4.5 片叶。抛后大部分秧苗倒卧在田中，适当的小苗抛植有利于秧苗早扎根、较快恢复直生状态，促进早分蘖，延长有效分蘖时间，增加有效穗数。这一时期的重点是做好水分管理工作，因为这一时期不仅秧苗本身的生长发育需要大量水分，而且随着气温的升高，蒸发量也大，培育床土也容易干燥，因此浇水要及时、充分，否则秧苗会干枯甚至死亡。由于临近插秧期，这时外部气温已经很高，基本上达到秧苗正常生长发育所需的温度条件，所以大棚内的温度宜控制在 25℃ 以内，在中午时再全部掀开大棚的塑料薄膜，保持大通风，棚裙白天可以放下来，晚上外部温度在 10℃ 以上时可不盖棚裙。为了保证秧苗进入大田后的快速返青和生长，一定要在插秧前 3～4 天追一次"送嫁肥"，每平方米苗床施硫酸铵 50～60 克，兑水 100 倍，然后用清水洗一次。还有一点需要注意的是，为了预防潜叶蝇，在插秧前用 40% 乐果乳液兑水 800 倍在无露水时进行喷雾。插前用人工拔一遍大草。

六、 培育矮壮秧苗

在进行稻田养鱼时，为了兼顾鱼的生长发育和在稻田活动时对空间和光照的要求，在培育秧苗时，旱育秧要搞好苗床培肥、增加秧田面积、普施壮秧剂、降低播量、提早追肥；湿润秧窄墒稀播精管，秧龄 30 天；两段育秧 1～2 株规格寄秧，总秧龄 40 天，培育扁蒲状带蘖壮秧。为了达到秧苗矮壮、增加分蘖和根系发达的目的，可适当应用化学调控的措施，如使用多效唑、烯效唑、ABT 生根粉、壮秧剂等。目前育秧最常用的化学调控剂是多效唑，使用方法为：

（1）拌种　按每千克干谷种用多效唑 2 克的比例计算多效唑用量，加入适量水将多效唑调成糊状，然后将经过处理、催芽破胸露白的种子放入拌匀，稍干后即可播种。

（2）浸种　先浸种消毒，然后按每千克水加入多效唑 0.1 克的比例配制成多效唑溶液，将种子放入该药液中浸 10～12 小时后催芽。这种方式对稻田养鱼的育秧比较适宜。

（3）喷施　种子未经多效唑处理的，应在秧苗的一叶一心期用 0.02％～0.03％的多效唑药液喷施。

七、 人工移植

1. 施足基肥

科学配方施肥，增施有机肥。亩产 600 千克的稻田，一般亩施纯氮 15 千克，磷、钾素 6～10 千克，氮肥中基蘖肥、穗肥比例，籼稻为 7∶3，粳稻为 6∶4。养鱼稻田基肥要增施有机肥，如亩施腐熟菜籽饼 50 千克等；化肥亩施 25％三元复合肥 50 千克、碳铵 25 千克或尿素 7.5 千克。栽后 7 天结合化除亩施分蘖肥尿素 10 千克。抽穗前 18 天左右亩施保花穗肥尿素 6 千克加钾肥 5 千克。

施用有机肥料，可以改良土壤、培肥地力，因为有机肥料的主要成分是有机质，秸秆含有机质达 50％以上，猪、马、牛、羊、禽类粪便等有机质含量 30％～70％。有机质是农作物养分的主要来源，还有改善土壤的物理性质和化学性质的功能。

2. 插秧时期的确定

在进行稻田养鱼时，人工插秧的时间还是有讲究的，建议在 5 月上旬插秧（5 月 10 日左右），最迟一定要在 5 月底全部插完秧，不插六月秧。具体的插秧时间的确定还需要注意以下几点：一是根据水稻的安全出穗期来确定插秧时间，水稻安全出穗期间的温度以 25～30℃较为适宜，只有保证出穗有适合的有效积温，才能保证安全成熟，资料表明，江淮一带每年以 8 月上旬出穗为宜；二是根据插秧时的温度来决定插秧时间，一般情况下水稻生长最低温度为 14℃，泥温为 13.7℃，叶片生长温度是 13℃；三是要根据主栽品种生育期及所需的积温量安排插秧期，要保证有足够的营养生长期，中期的生殖期和后期有一定灌浆结实期。

3. 人工栽插密度

插秧质量要求：垄正行直，浅播，不缺穴。合理的株行距不仅能使个体（单株）健壮生长，而且能促进群体最大发展，最终获得高产。可采取条栽与边行密植相结合、浅水栽插的方法，插秧密度与品种分蘖力强弱、地力、秧苗质量及水源等密切相关。分蘖力强的品种插秧时间早，土壤肥沃或施肥水平较高的稻田，秧苗健壮，移植密度以 30 厘米×35 厘米为宜，每穴 4～5 棵秧苗，确保鱼的生活环境通风透气性能好；对于肥力较低的稻田，移栽密度为 25 厘米×25 厘米；对于肥力中等的稻田，移栽密度以 30 厘米×30 厘米左右为宜。

4. 改革移栽方式

为了适应稻田养鱼的需要，我们在插秧时，可以改革移栽方式，目前效果不错的改良方式主要有两种：一种是三角形种植，以（30 厘米×30 厘米）～（50 厘米×50 厘米）的移栽密度、单窝 3 苗呈三角形栽培（苗距 6～10 厘米），做到稀中有密、密中有稀、促进分蘖、提高有效穗数；另一种是正方形种植，也就是行距、窝距相等呈正方形，这样做的目的是可以改善田间通风透光条件，促进单株生长，同时有利于鱼的运动和生长。

第四章

适宜稻田养殖的鱼类

第一节　在稻田里养殖鱼类的选择条件

正确选择合适的养殖鱼类，是稻田养鱼获得成功的先决条件之一。目前我国淡水水体中饲养的鱼类已超过 100 种，如何根据稻田的条件因地制宜地选择最优的养殖鱼类，以便使有限的投入取得最大的经济效益、社会效益和生态效益，是稻田养鱼中首先遇到的技术关键问题。

不同种类的鱼在相同的饲养条件下，其产量、产值有明显差异。这是由它们的生物学特性所决定的。与生产有关的生物学特性即生产性能是选择养殖鱼类的重要技术标准。作为在稻田这个特殊的环境中养殖的鱼类应具有下列生产性能：

一、　生长快

由于稻田种植具有周期性，因此选择的养殖品种，首先要有生长速度快的优势，增肉率高，在较短时间内能达到食用规格，才能为养殖户带来收益。

二、　食物链短

在生态系统中，能量的流动是借助于食物链来实现的。一个好的优良品种，它的食物链越短越好，食物链越短，饲料转化为最终鱼产品的效率就越高，养殖效益也会随之提高。在稻田这种小生态环境中，各种生物间的食物链比较单一，而且也比较短，因此选择的鱼类也要有食物链短的特点。

三、　食物来源广

稻田里有浮游生物、底栖生物以及其他的丛生杂草等可供养殖的鱼类摄食，还有人工投喂的饲料，这就要求选择的养殖品种，它的食性或食谱范围广，容易从稻田的环境中快速获得饲料，这是降低养殖成本和提高养殖效益的重要保证。

四、 苗种容易获得

苗种选择是稻田养鱼中非常重要的一个环节，选择的苗种方便易得，那么在早期投入的养殖成本就会大大减少，养殖风险也会大大降低。

五、 对环境的适应性强

目前，我国在稻田里养殖的鱼类对象主要是常见的淡水鱼种类，其中以草鱼、鲢鱼、鳙鱼、鲤鱼、鲫鱼、鲂鱼、鳊鱼、泥鳅、黄鳝等最为普及。这些鱼类是我国劳动人民通过长期的养殖生产实践，与其他鱼类比较选择出来的，它们的生产性能均符合上述要求，而且对稻田的环境具有较强的适应性。

第二节　稻田环境和鱼类的适应性

一、 稻田环境

稻田的整体环境就是水浅，没有深水地带，在盛夏酷暑时，稻田里的鱼需要更深的水体来满足它们的生长要求，因此在进行稻田养殖前需要开挖深一米左右深的田间沟、中沟以及鱼溜等。另外由于稻田密植禾苗，水生生物（特别是鱼类）的活动范围受到很大限制，生活环境较为简单。为了解决这个问题，现在我们在进行稻田养鱼的推广中，向广大农民推广在稻田中间开挖中沟以扩大鱼类的活动范围，另外还可以采取水稻栽插时宽窄行技术或者是宽行密植技术，还可以采取分箱式栽培技术，这些水稻栽培技术的应用，目的就是尽可能地扩大鱼类在稻田里尤其是在水稻中间的活动空间。

1. 水温

由于水浅，稻田田面的水温受气温的影响较大，因而昼夜温度变化的幅度也较大，这种情况尤其是在水稻刚刚栽种好时最为明显。根据长期对稻田水温的监测，发现一昼夜的水温中，以下午2～3时为最高，凌晨3～6时为最低，昼夜变化的幅度大概为5～15℃。其中，八月份水温的昼夜变化最为显著。在夏季烈日照射下，特别是双季稻田在早稻收割至晚稻秧苗返青这段时间，田面水温可高达40℃以上。如果气温在33～37℃，稻田田面的水温（此时田面水位在10厘米左右）可高达40～45℃，在这种高温条件下，如果没有田间沟为鱼类提供躲避的场所，就会出现死鱼现象。

2. 溶氧

稻田里田水的溶氧主要来自两个方面：一方面是大气中溶入的氧气；另一方面就是稻田里的植物光合作用所产生的氧气，包括秧苗产生的氧气、稻田里的杂草产生的氧气、田间沟和鱼溜里的水草产生的氧气以及稻田里其他浮游植物所产生的氧气。由于稻田的田面水位浅，水与大气的接触面相对较大，这就使得稻田里水体中的溶氧既容易从空气中获得，也容易受温度升高等因素的影响而从稻田里逸出。因此稻田水体里的溶氧的含量受温度变化的影响比较大。一般在酷热的夏季，气温高，稻田里的水温也高，水体里的溶氧量也就降低。根据相关专家对稻田养殖的水体中含氧量的长期监测，表明稻田里水体中的含氧量变动范围为2.25～10.70毫克/升，月平均值为3.35～7.80毫克/升，其中，8月份的平均值最低，为2.56～5.92毫克/升。

3. 生物种类和数量

全国各地的稻田中的生物种类和数量不尽相同，即使同一地区的不同田块，它们的生物种类和数量也是不完全相同的，而且这些生物的种类和数量易受各种农田作业的影响，例如在栽秧、灌排水、烤田、施肥、用药、收割时都会影响它们的种类与数量的变化。但是总的来说，稻田中的浮游植物和浮游动物的种类和数量相对比较少，而底栖动物、丝状藻类及各种杂草则相对较多，同时一些对鱼类有影响的敌害如水蛇、蛙、水蛭等动物时常也会侵袭养殖的鱼类，尤其是鱼苗鱼种。

由于地域、水质、土质、水源及稻田的田间管理水平等因素的不同，各种稻田的环境条件是有差别的。但是总的来说，稻田作为鱼类的养殖场所虽然比不上池塘、江河等水域，但是一般都能满足鱼类生活的环境要求，加上对养鱼稻田的环境改造，开挖了田间沟、中沟、环沟、鱼坑、鱼溜等辅助设施，再加上稻田养鱼既收鱼又不减产水稻的优点，所以稻田是一种非常有前景的养鱼新场所。

二、 稻田环境对鱼类的影响

鱼类之所以能在稻田里养殖，主要是因为鱼类能适应稻田的环境。

1. 水温

鱼类是变温动物，它们的体温是随着水温的变化而发生变化的，所以，稻田里的水温直接或间接地影响着鱼类的生长、觅食、繁殖等。在稻田里养殖的主要鱼类中，除了罗非鱼是热带鱼类外，其余的都是温水性鱼类，它们对水温的适应范围很广，一般在 0～38℃的水体里都能存活，但是生长最适温度为 23～38℃。在适温条件下，鱼类摄食旺盛，生长速度很快。利用稻田养鱼，无论是稻鱼兼作还是稻鱼轮作，在大部分养殖时期的田水温度对鱼类的生长都是比较适宜的。因此在养殖过程中，应提早放养，加强管理，促进鱼类的生长。而双季兼作稻田在"双夏"时期，田面水温往往很高，会对鱼类产生一些不良影响，这时就需要采取一些必要的预防措施，比如在田埂上栽种一些攀爬植物或瓜类等藤蔓植物，也可以将田间沟开挖得深一点，或加强水体的流动性等。

2. 溶氧

稻田里的水体和池塘、湖泊的水体一样，水中也溶解着许多气体，其中最主要的是氧气和二氧化碳。鱼类用鳃呼吸，靠吸收溶解在水中的氧气而生存，同时呼出二氧化碳，这些二氧化碳恰恰是水稻进行光合作用所需的主要原料之一，而水稻利用二氧化碳进行光合作用时，会放出充足的氧气供鱼类呼吸，从而形成了一个微小的生态系统。

各种鱼类对溶氧都有一定的适应范围，在适温条件下，当水中的溶氧量达到 5 毫克/升以上时，鱼类摄食旺盛，生长迅速，饵料的利用效率也高，鱼类长得也就很快，当然经济效益也就能体现出来；当稻田的水体里溶氧的含量低于 2 毫克/升时，鱼类就会表现出生活反常、活动不安，继而拒食；当溶氧继续降低到 1 毫克/升时，鱼类就开始浮头；再继续降低时，稻田里的鱼类就会因缺氧窒息而死亡。由于稻田是一种开放式的水体，加上水位本身就浅，一般情况下，水体里的溶氧是能满足鱼类的生长的，但是当稻田的水质恶化时，或者是田间沟里投喂的饵料过多而腐烂时，或者是夏季雷阵雨来临前气压太低时，都有可能造成水体里出现缺氧的情况，发现这种情况时就要及时采取相应的措施进行解救（表 4-1）。

表 4-1　几种在稻田里养殖的鱼类对水中溶氧的适应性

鱼类	正常生长发育/(毫克/升)	呼吸受抑制/(毫克/升)	死亡时的浓度/(毫克/升)
鲤鱼	4	1.5	0.2～0.3
鲫鱼	2	1	0.1
草鱼	5	1.6	0.4～0.57
团头鲂	5.5	1.7	0.26～0.6
罗非鱼	—	—	0.06～0.31
鲢鱼	5.5	1.75	0.26～0.79
鳙鱼	4～5	1.55	0.23～0.40

注：引自慧雷僧等《池塘养鱼学》。

3. 酸碱度

酸碱度也就是我们通常所熟知的 pH 值，养殖鱼类的 pH 值范围是 6.5～9.5，其中最适宜的范围是 7.5～8.5，pH 值在 5 以下或 10 以上时对鱼类都是有害的。在水稻的生活环境中，水稻对 pH 值的要求与鱼类几乎相当，因此完全能满足养鱼的需求。

4. 生物

鱼类在稻田里养殖时，能直接或间接地受到稻田里各种生物（包括秧苗在内）的影响。其中，稻田田面上的浮游生物、底栖生物、大部分杂草（少部分硬秆植物除外）都可以被鱼类作为食物而吃掉；而其他与养殖鱼类争食物、争空间、争氧气的动物都是对鱼有害的，例如稻田里的水蛇可以直接吞食鱼苗鱼种，蚂蟥则附生在鱼类的体表上，以吸食鱼血为生，我们在养殖时，一定要想办法去除。

第三节　养殖鱼类的形态和习性

目前，全国各地开发出的适合当地情况的稻田养殖的鱼类品种很多，主要有普通鲤鱼、草鱼、鲢鱼、鳙鱼、团头鲂、鲫鱼、罗非鱼等；观赏和食用两相宜的福建青田的地方品种田鱼；观赏价值极高的金鱼和锦鲤；特种水产品种的黄鳝、泥鳅等。

其中田鱼、普通鲤鱼、罗非鱼、黄鳝、泥鳅、金鱼等大多作为稻田兼作养殖成鱼的主要品种；草鱼、普通鲤鱼、泥鳅作为稻田兼作养殖鱼种的主要品种；鲫鱼、团头鲂、鲢鱼和鳙鱼等一般是作为稻鱼兼作的搭养品种。而稻鱼轮作，无论是养殖鱼种或成鱼，一般是以草鱼、鲢鱼、鳙鱼、锦鲤和黄鳝等作为主要鱼类进行多品种的混养。

一、草鱼

草鱼又名乌青、草鲩、猴子鱼、白鲩、草棒、草包、鲩鱼。其身体长，略呈圆筒形，腹圆，无腹棱，头钝平，无口须，两侧咽齿交错相间排列，能切断草类，眼较小，鳞大而圆，背面为青灰色，体茶黄色，背及头部的颜色较深，腹部白色，胸鳍、腹鳍橙黄色，背鳍、尾鳍呈灰色，每一鳞片有黑色边缘。

草鱼是生长迅速的较大型鱼类，生长的最适水温为 20~24℃，当水温下降到 10℃ 以下时停止摄食，进入冬眠状态。由于地理环境的不同，南方和北方的草鱼在生长性能上也有一定差别，例如长江流域的草鱼，1~3 龄为生长最快期，一般 4~5 龄达到性成熟，5 龄后长度生长明显减弱。而在黑龙江流域里的草鱼生长比长江流域的群体显著缓慢。另外，无论是南方还是北方，草鱼在 1~3 龄时雌雄个体的生长速度相似，4 龄后雌鱼的体长生长和体重增长都比雄鱼快。

草鱼分布于我国大部分地区的淡水水域中，是我国主要淡水养殖鱼类之一，栖息于水的中下层和靠近岸边、水草较多的地带，只有在夜间它们才大胆地到水的上层和岸边进行摄食。

草鱼性情温和而活泼，耐力较强，游动迅速，常成群觅食，抢食凶，素有"强盗草鱼"之称。草鱼是典型的草食性鱼类，喜欢在水的中下层及岸边摄食水草，在自然状态下，稚鱼以浮游动物为食；幼鱼喜食芜萍、小浮萍、紫背浮萍、轮叶黑藻等；体长约达 10 厘米时就以高等水生植物为饵，如苦草、轮叶黑藻、马来眼子菜、大茨藻与小茨藻等，秋天也吃油葫芦、蚱蜢等落水昆虫。在饥饿的情况下，草鱼会吞食小鱼。在人工投喂的条件下，草鱼除摄食水生植物外，还喜食禾本科、豆科等陆生植物；也喜食人工饵料，如饼、糠、麸类。

草鱼在兼作稻田以培育鱼种为宜，在轮作稻田则可以作为主养鱼类；在双季兼作的稻田中养殖，当年夏花可长到 10～16.5 厘米左右。

二、 鲢鱼

鲢鱼又名白鲢、鲢子、水鲢、家鱼、白胖头。其体侧扁，稍高。头较大，约为体长的 1/4。口宽大而斜，位于前端。下颌稍向上突出，吻短钝而圆。眼小，鳞细小而密。侧线明显下弯，背部较圆，腹部较窄，自胸鳍至肛门有腹棱突出。尾鳍深叉形。体背部为灰色，两侧及腹部银白色，各鳍均为灰白色。

鲢鱼的生长速度也比较快，体重每年都有增加，但以 3～6 龄时最快，6 龄后减慢。体长生长以 1～4 龄时较快，尤其是第 2 年增长最明显，但是到了 4 龄以后，鲢鱼的体长增长就明显变慢，这是因为它们的性成熟年龄一般为 3～4 龄，这时所摄取的能量主要用于性腺发育。

鲢鱼个体大，生长迅速，是我国主要淡水养殖鱼类之一，全国各地都有养殖，也是池塘养鱼中最主要的配养鱼类之一。鲢鱼通常在池塘的中上层活动，越冬期要进入水体的最深部位。鲢鱼是典型的滤食性鱼类，它们具有特殊的滤食器官——鳃耙，以浮游生物等为食，由于鲢鱼的鳃耙较细密，主食是水中植物性的浮游藻类，有时也吃牛、草鱼的粪便、豆浆、豆渣粉、麸皮和米糠等，更喜吃人工颗粒配合饲料如粉碎的饼渣类、米糠、糟类、麦麸等农产品下脚料，适宜在肥水中养殖。吃食时把水中的浮游生物连水一块喝进，靠鳃的过滤作用，把水中的浮游生物挡住咽进肚里，所以又称它为"肥水鱼"。

鲢鱼性急躁，行动敏捷，活泼而善跳跃，能跳出水面 1 米多高，网捕时，常跳出网外；遇水流容易逆水潜逃，不易捕捞，素有"急躁白鲢"之称。秋冬季为鲢鱼捕捞旺季，在池塘里进行轮捕轮放时，通常会在七八月份将大的鲢鱼起捕上市，因而称为"热水鱼"。

三、 鳙鱼

鳙鱼又称花鲢、麻鲢、黑鲢、大头鲢、胖头鱼、大头鱼。其外形似鲢，体侧扁而厚，较高。头极大，约为体长的1/3，头前部宽阔。口大，端位，吻宽而圆，下颌向上微翘。眼较小，口有咽齿。鳃孔宽大，鳃盖膜很发达，鳃耙细密。鳞细小而密，有腹鳞，侧线弧形下弯。尾鳍叉形。体背面及两侧面上部微黑，两侧有许多不规则的黑色斑点或黄色花斑，腹面灰白色，各鳍均为淡灰色，胸鳍末端超过腹鳍基底，这点可区别于鲢鱼。

鳙鱼个体大，食饵易得，生长迅速，是我国主要淡水养殖鱼类之一，在自然水域中的生长速度通常比鲢鱼稍快些。体长增长1～3龄时最快，4龄开始性成熟后，体长增长急剧下降。体重增长2～7龄时都较快，其中以3龄时增重最快。一般鳙鱼4龄前雌雄生长没有明显差异；5龄后雌鱼体重的增长比雄鱼快。在不同水域，由于环境、营养、密度和生存空间不同，鳙鱼的生长表现出明显差异。在天然河流和湖泊等水体中，体长28～35厘米，通常可见到10千克以上的个体，最大者可达50千克，适于在肥水池塘养殖。4～5年达到性成熟，催产季节多在5月初至6月中旬。

鳙鱼是优良的淡水养殖品种，分布于我国大部分地区的淡水水域中，是池塘养鱼中配养的鱼类之一。鳙鱼性温驯，不爱跳跃，行动迟缓，生活在水体中层，冬季入深水处越冬。鳙鱼是典型的滤食性鱼类，它们具有特殊的滤食器官——鳃耙。鳙鱼的鳃耙较稀疏，只能滤食个体较大的浮游动物，以食浮游生物为主，主要吃轮虫、枝角类、桡足类等浮游动物，也吃部分浮游植物和人工饲料如粉碎的饼渣类、米糠、糟类、麦麸等农产品下脚料。捕捞时不跳跃，遇水流也不易潜逃，易捕获。鳙鱼的抢食能力远逊于鲢鱼，素有"好人花鲢"之称。

四、 鲫鱼

鲫鱼俗称喜头鱼、鲋鱼、鲫壳、鲫瓜子、佛鲫等，是我国的主要食用鱼之一，也是我国主要淡水养殖鱼类和经济鱼类之一。一般体长 15～20 厘米，体形略小，侧扁而高，体较厚，腹部圆，眼大，口位于前端，头短小，吻钝，无须，鳞片大，侧线微弯，背鳍长，一般体背面青褐色，腹面银灰色，各鳍条灰白色。因生长水域不同，体色深浅有差异，色泽由背部的灰色逐渐过渡到腹部的灰白色。

鲫鱼属于底栖鱼类，分布于我国大部分地区的江河湖泊中，特别是水草丛生的浅水湖汊和池塘中。鲫鱼是我国分布广泛的鱼类之一，对各种类型的水体都有较强的适应性，易饲养，全国各地水域常年均有生产，以 2～4 月份和 8～12 月份的鲫鱼最肥美。鲫鱼是一种生长较慢的中小型鱼类。1 冬龄鱼体长 5 厘米，2 冬龄鱼体长 10～14 厘米，3 冬龄鱼体达 18 厘米。雌雄鱼个体的生长速度不同，随着年龄的增大，雌鱼的生长速度逐渐超过雄鱼。在不同水域中的鲫鱼生长有明显差异。

鲫鱼生活在江河流动水的中下层，喜欢群集而行。有时顺水，有时逆水，到水草丰茂的浅滩、河湾、沟汊、芦苇丛中寻食、产卵；遇到水流缓慢或静止不动、具有丰富饵料的场所，它们就暂时栖息下来。生活在湖泊和大型水库中的鲫鱼，也是择食而居。尤其较浅的水生植物丛生地，更是它们的集中地，即使到了冬季，它们贪恋草根，多数也不游到无草的深水处过冬。生活在小型河流和池塘中的鲫鱼，遇流即行，无流即止，择食而居。冬季多潜入水底深处越冬。它们是典型的杂食性鱼类，对饵料的要求不严格，觅食能力强，主要食物有浮游生物、底栖动物和各种水草，还常食高等植物的种子、植物的碎屑等，小虾、蚯蚓、幼螺、昆虫等它们也很爱吃。在精养鱼池里鲫鱼能清扫食场残饵，防止这些残饵腐烂变质，被养殖户称为"清洁工"。

鲫鱼肉质细嫩，味道鲜美，是大江南北群众都广为喜食的上等鱼类。它具有食性广、生命力强、耐低氧、病害少的优点，对环境的适应能力要超过鲤鱼，而且由于它的个体较小，宜于在稻田的浅水条件下生活，因此是稻田养鱼的主要品种之一。

在稻田里养殖的鲫鱼品种较多，有普通鲫鱼、异育银鲫、淇河鲫、白鲫、中科 3 号等，从目前的养殖情况来看，异育银鲫是主要的养殖品种之一，中科 3 号发展势头强劲，将来可能是稻田养鱼的主选品种。

1. 湘云鲫

湘云鲫是运用生物工程技术培育出的三倍体鲫鱼，具有自身不繁殖、生长快、抗病能力强、食性广、易捕捞、耐低温、肉嫩味美等优点，一般稻田养殖条件下，混养每亩可产 50～80 千克，单养每亩可产 300～450 千克。当年乌仔可长到 0.2～0.3 千克，鱼种经一年养殖，个体可超过 1 千克，比普通鲫鱼生长快 40%～60%。湘云鲫可在池塘或稻田里主养、混养，也可进行网箱、湖泊、水库养殖等。

2. 异育银鲫

异育银鲫是方正银鲫与兴国红鲤经人工授精发育的后代。它具有明显的生长优势，生长速度比其父、母本平均快 34.7%，第二年即可长到 500 克左右。异育银鲫体形较高，体色为银色（普通鲫鱼体色较暗），其生活适应能力强，疾病少，成活率高，食性杂，易捕捞。异育银鲫较能耐低氧、耐低温，在 0℃ 以下能生存，适宜水温为 22～30℃，最适水温为 25～28℃，繁殖水温为 18℃。

3. 彭泽鲫

彭泽鲫是江西省九江市水科所和江西省水科所合作选育的新的淡水养殖优良品种。彭泽鲫属杂食性鱼类，具有适应性强、生长速度快、个体大、易繁殖、食性杂、抗逆性强、疾病少、肉质鲜嫩、营养价值高等优点，适宜于精养，当年苗种年底可养至 500 克左右。加上饲养技术简单，管理方便，投资少，效益好，深受养殖者和消费者的欢迎。

4. 丰产鲫

丰产鲫是从广东省西江水系中选育出的生长速度快、肉质佳、群体产量高、抗病力强、全雌鱼的鲫鱼新品种。

5. 中科 3 号

中科 3 号是中国科学院水生生物研究所从筛选出的少数银鲫优良个体中经异精雌核发育增殖、多代生长对比养殖试验评价培育出来的异育银鲫第三代新品种，于 2008 年获全国水产原种和良种审定委员会颁发的水产新品种证书，适宜在全国范围内的各种可控水体内养殖。中科 3 号是典型的底层鱼类，尤其适宜在底质肥沃、底栖生物丰富的水体中（如稻田中）生长；既可生活在稻田的静水环境中和一定流水的江河、湖泊和水库中，又适于在池塘中养殖，对水温的适应范围广，在全国各地均可安全越冬，最佳生长水温 25～30℃，在此温度范围内，银鲫摄食旺盛，生长速度快；生长期在长江流域为 3～11 月，其中 7～9 月生长速度最快；对环境有较强的适应能力，对水体的偏酸或偏碱、低溶氧等理化因子亦有较强的耐受力，适宜在各种水体中养殖。

中科 3 号为杂食性，既能以浮游动物、浮游植物为食，又能摄食底栖动植物以及有机碎屑等。食物的种类随着其个体大小、季节、环境条件、水体中优势生物种群的不同而相应有所改变。体长 1.5 厘米以下的鱼苗，以摄食轮虫为主；1.5～3.0 厘米的幼小个体以摄食动物性食料为主，摄食藻类、轮虫、枝角类、桡足类、摇蚊幼虫以及其他昆虫幼虫等；3.0 厘米以上的个体一直到成鱼，则以摄食植物性食料为主，如附生藻类、浮萍和水生维管束植物的嫩叶、嫩芽等，在人工养殖条件下，也喜食大麦、小麦、豆饼、玉米和配合饲料等，同时还兼食水体中的天然饵料。

三年重复生长对比和生产性对比养殖试验表明，与已推广养殖的高体形异育银鲫相比，中科 3 号具有如下优点：①体色银黑，鳞片紧密，不易脱鳞；②生长速度快，出肉率高，比高背鲫生长快 13.7%～34.4%，出肉率高 6% 以上；③遗传性状稳定，子代性状与亲代不分离；④碘泡虫病发病率低，成活率高。

6. 黄金鲫

黄金鲫是国家级天津市换新水产良种场采用常规育种和生物技术育种相结合而育成的鲫鱼优良新品种。它是以散鳞镜鲤为母本、红鲫为父本，通过远缘杂交获得的良种，2008 年通过全国水产原种和良种审定委员会审定，可在全国进行推广养殖。黄金鲫具有体形好、生长快、适应性强、耐长途运输等优点，很受养殖者欢迎。

7. 芙蓉鲤鲫

芙蓉鲤鲫是由湖南省水产科学研究所筛选出的新型鲤鲫杂交种。芙蓉鲤鲫作为国家水产新品种，与普通鲤鲫杂交鱼相比，生长速度快 20%，产量提高 23%；养殖性状优良，耐低氧、耐操作、耐运输、耐肥水，食性杂，适应温度能力强，适宜生长环境 pH 值为 7～9，最佳生长水温为 24～28℃；商品成鱼市场认可度高，肉质口感好、肉多刺少、营养丰富。

五、 鲤鱼

鲤鱼又名拐子、红鱼、花鱼、赤鲤、龙鱼。其体长，呈纺锤形，略侧扁，背部在背鳍前稍隆起。头大，眼小，口下位或亚下位，有两对须，其中吻须一对，较短，吻骨发达，能向前伸出；颌须一对，其长度为吻须的 2 倍，以拱食水底泥中食物。腹部圆。鳞片大而圆。侧线明显，背鳍长，其起点至吻端比至尾鳍基部为近。臀鳍短。背面为灰黑色，腹面为淡黄色。尾鳍分叉，下叶为红色。尾鳍深叉形。

鲤鱼适应性强，生长迅速，可在各类水域中生活，对水体的要求不高，活水、静水、沟渠池塘水均可生活，是我国最常见的淡水鱼类之一，也是我国最早养殖的对象。其体长 20～30 厘米，最大单体重可达 50～60 千克。全年均有生产，以春、秋两季产量较高。鲤鱼的生长速度与草鱼、青鱼、鲢鱼、鳙鱼等相比还是比较慢的。鲤鱼的生长速度，与季节、食物品种、食物资源是否充足有关。春夏之交、盛夏、初秋，鲤鱼摄食强度最大，生长快；初春和深秋次之；到了冬季，在我国南方，鲤鱼仍很活跃，而北方寒冷地区的鲤鱼，则很少摄食了。

鲤鱼的体长增长高峰期在 1～2 龄，而体重增长则在 5～6 龄，以后即出现逐年减缓的趋势。在同一年龄段里，通常是雌鱼比雄鱼生长得快一些。另外，不同水体中鲤鱼的生长速度差别很大，例如在长江水域中生活的鲤鱼生长速度比在黑龙江水域里生长的鲤鱼明显加快，长江干流中的鲤鱼又比定居在湖泊中的鲤鱼生长快。

鲤鱼是杂食性鱼类，对饵料的要求不严格，觅食能力强，在鱼苗鱼种阶段主要吃浮游动物和轮虫等，成鱼阶段吃各种螺类、幼蚌、水蚯蚓、昆虫幼虫和小鱼虾等水生动物，也吃各种藻类、水草和植物碎屑等。在池内或网箱中喂养时，常投喂各类商品饲料和人工配合饲料如饼、糠、麸类及蚕蛹、蝇蛆等。鲤鱼能清扫食场残饵，防止这些残饵腐烂变质，被养殖户称为"清洁工"。鲤鱼能在稻田、池塘、湖泊、水库等静水中自然产卵繁殖。鲤鱼的习性同鲫鱼基本相同，但对水温的要求比鲫鱼稍高些，产卵要求水温在18℃以上，冬季水温低于10℃时就不爱活动。

鲤鱼具有个体大、生长快、食性广的优点，并具有翻土觅食的习性，同时也有耐碱、耐低氧的能力，因此它的生活力特别强，是稻田养鱼的一个理想品种。

六、 团头鲂

团头鲂俗称武昌鱼、团头鳊、鳊花，外形和长春鳊、三角鲂相似，体形侧扁，侧视呈菱形。头尖口小，上、下颌等长。腹面自腹鳍基到肛门有明显的腹棱。体色青灰或深褐色，两侧下部灰白色，具有纵走的暗色条纹。体鳞较细密。其与长春鳊、三角鲂的主要区别在于：体更高，吻较圆钝，口裂较宽，上下颌角度小，背鳍硬棘短，胸鳍较短，尾柄较高而短，体呈灰黑色，体背部略带黄铜色泽，背部显著隆起，呈菱形，口宽，各鳍青灰色，体侧每个鳞片后端的中部黑色素稀少，整个体侧呈现出数条灰白色的纵纹，鳞片基部为灰黑色，边缘较淡。

团头鲂分布于我国长江中下游及其附属湖泊中，以湖北省梁子湖所产为最著名，近年已被移殖到各地天然水域中，是中型的优质经济鱼类，也是我国常见的淡水鱼类。团头鲂喜栖息在有水草的河湖中，常栖息在水体的中上层，以水草、旱草和水生昆虫为食。在池塘中团头鲂既食各种青饲料，又食粮食性饵料。它们的生活习性与草鱼有许多相似之处，既能底栖摄食各种食物残屑，又能在水的中层抢食各类沉落食物，夏、秋两季更能贴近水的表层啄食草梗菜叶。团头鲂性情温驯，易捕捞，抗病力较强。其在1～3龄时生长最快，4冬龄后生长明显缓慢。2龄时可达性成熟，5～6月间产卵繁殖，卵黏性。团头鲂是我国水产科学家在20世纪50年代，从野生的鳊鱼群体中，经过人工选育，杂交培育出的优良养殖鱼种之一。因其生长迅速、适应能力强、食性广、成本低、产量高，备受广大产养殖户的青睐。

七、 罗非鱼

罗非鱼又称非洲鲫鱼。其体形侧扁，体披圆鳞，鳍较大，背鳍有15

条以上的硬棘，软棘 8～12 条，腹鳍硬棘 1 条、软棘 5 条，臀鳍硬棘 3 条、软棘 9～11 条，尾鳍后缘平截略呈弧形不分叉，体色因种类、环境及其生殖腺发育状况而有不同，有的体表和鳍上呈现黑色斑点或条纹，在繁殖期间体色变化较大。

罗非鱼原产于非洲，是热水性鱼类，共有一百多种。我国先后从国外引进并已大量推广养殖的有莫桑比克罗非鱼、尼罗罗非鱼以及奥利亚罗非鱼、奥尼罗非鱼、彩虹鲷等。

罗非鱼要求较高的水温，适温范围是 18～38℃，在 28～32℃时生长最快，低于 15℃时行动呆滞、不摄食少动，处于休眠状态。致死温度，尼罗罗非鱼为 (6.14 ± 0.11)℃，而奥利亚罗非鱼为 (3.95 ± 0.24)℃。罗非鱼性成熟早，产卵周期短，6 个月即达性成熟，成熟雄鱼具有"挖窝"能力，成熟雌亲鱼进窝配对，产出成熟卵子并立刻将其含于口腔，使卵子受精，受精卵在雌鱼口腔内发育，幼鱼至卵黄囊消失并具有一定能力时离开母体。

罗非鱼一般主要栖息在水底，活动的主要水层随着水层温度而变化。罗非鱼是以植物性饲料为主的杂食性鱼类，食物种类很多，各种藻类、嫩草、有机碎屑、底栖动物和水生昆虫等都是其摄食对象。在养殖条件下，罗非鱼以有机碎屑、浮游生物、人工饵料、丝状藻类、大型植物茎叶以及蚯蚓、孑孓和虾类为食。

罗非鱼具有食性广、食量大、生长快、耐高温、耐低氧的优势，对稻田环境有很强的适应能力。更重要的是它的苗种供应的时间刚好与兼作稻田的放养时间很接近，另外，兼作稻田的收鱼时间一般在 9～10 月，这段时间内的养殖不会出现水温降低而导致罗非鱼死亡的现象，因此罗非鱼是兼作稻田养成鱼的一个理想品种。但由于罗非鱼是热带鱼类，虽然耐高温的能力很强，但是对低温反应比较敏感，在全国相当一部分的稻田种养区都不能自然越冬，因此苗种来源比较困难，这在某种程度上制约了它在稻田养殖中的应用。

八、 胡子鲶

胡子鲶又称塘虱、土虱、塘角鱼、八须鲶等，原产于非洲北部尼罗河流域，为热带、亚热带鱼类，1981 年引进广东，经试养和人工繁殖成功后，已推广到我国大部分地区进行养殖。胡子鲶体长，身体前半部呈圆筒形，后部侧扁。头部扁平而坚硬，口下位。吻宽而钝，横裂，上、下颌密生绒毛状牙齿。眼小。口须4对颇长，且能灵活转动。体无鳞，背鳍很长，约占体长的2/3。臀鳍也很长，均无硬棘。胸鳍短而圆，有一硬棘，具有防御和在陆地上支撑爬行的作用，它能越过障碍物，从一个鱼池迁移到另一个鱼池。体棕黑色，腹部较浅。躯干部和尾部稍侧扁。体表光滑无鳞，背部及体侧稀有不规则的灰白色纹状斑块和黑色斑块。由于胡子鲶具有树枝状的鳃上呼吸辅助器官和皮肤呼吸功能，能够生存于一般鱼类不能生存的低氧或浅水和污染的水域中，只要其体表保持湿润，离开水几天仍能生存。

胡子鲶的生命力较强，个体大，生长快，食性杂，产量高，肉质较细嫩，刺少肉多，颇受消费者的欢迎。

胡子鲶属于底栖性鱼类，性情较温和，贪食，常饱食后潜伏于河川、池塘、沟渠、稻田和沼泽的黑暗处或洞穴内。有穴居和聚居的习惯，白天休息，夜间活动剧烈，摄食频繁，有时成群结队到水面猎取食物。在人工养殖条件下，可投喂的动物性饲料有鱼粉、蚕蛹、蝇蛆、螺蚌肉、屠宰场下脚料等，也可投喂植物性饲料，如花生饼、豆饼、菜籽饼、米糠、麦麸皮及细浮萍。胡子鲶在天然的水库、池塘及小型水域中，性腺均能发育成熟。胡子鲶属热带性鱼类，喜温怕寒，耐低温能力较差。适宜生长的水温为18～32℃，最适宜生长的水温为22～32℃，一般在水温18℃以下时开始停食，当水温降到8～10℃时会造成冻伤、感染水霉病；当降到7℃以下时，则开始死亡。因此，胡子鲶在人工越冬期间，水温至少要保持在13℃以上。

九、黄鳝

黄鳝又名鳝鱼、长鱼、无鳞公子、罗鱼、罗鳝、田鳗，形状像蛇，体细长，前部圆筒形，后部渐侧扁，尾部尖细，呈蛇形。头部膨大，吻端尖。眼小，不明显。体光滑无鳞，多黏液，不易徒手捕捉。无胸鳍和腹鳍，背鳍和臀鳍退化成皮褶，与尾鳍相连，尾鳍尖小。体呈黄褐色，具不规则黑色斑点，腹面灰白色。口大，鳃孔较小，鳃退化，能用口腔、咽腔和皮肤直接呼吸氧气，耐氧性强，离水后不易死亡。

黄鳝从胚胎期到性成熟期，都是雌性，性成熟后能产卵。但在产卵以后，卵巢慢慢地转变为精巢，并可产生精子，这时黄鳝即转变为雄性。雌黄鳝变为雄黄鳝之后就不再改变，终生以雄性存在。一般情况下，体长20厘米以下的小黄鳝，全为雌性；当体长为35厘米时大约有半数的雌性变成了雄性，其余半数处于雌雄同体状态；而当体长达50厘米以上时，已全部转变为雄性。就整个黄鳝种群而言，每年都有一批雌鳝出世，都有一批雌鳝产卵后转变为雄鳝，雄鳝再与下一代雌鳝交配生殖。黄鳝是一种重要经济鱼类，除青藏高原外，全国各地均产，长江流域较多。其生长的适宜温度为15～28℃，尤以22～25℃最适宜，4～8月为其生产旺季。它的经济价值高，蛋白质含量丰富，是人们喜爱的滋补水产品。

　　黄鳝为底栖生活鱼类，适应力强，常利用自然缝隙、石砾间隙和漂浮于水面的喜旱莲子草丛，在其间栖居，生活在腐殖质多的稻田、水库、池沼及河沟的水底淤泥中，喜在田埂、堤岸钻洞穴居，尤喜在有水草的地方隐居，喜暗避光，昼伏夜出，觅食多在夜间，常守候在洞口捕食，阴雨天也可离洞外出觅食。农民常利用这一特性，在夜间用灯照捕。黄鳝是肉食性鱼类，而且喜吃活食，常用饲料有蚯蚓、蝇蛆、小鱼虾、蝌蚪、蚕蛹、螺蚌肉、动物内脏、畜禽下脚料等，也吃些麦麸、米饭、瓜果皮、菜屑等饲料。

十、　泥鳅

　　泥鳅又称鳅鱼，小型鱼。体圆筒形，小而细长，身体前部为圆柱形，后部侧扁，腹部圆。头尖，须5对，口须最长，向后伸达或稍超过眼后缘。眼小且已退化，只有靠触须来寻找食物。鳞小。雄鱼的胸鳍尖长，背鳍两侧有小肉瘤；雌鱼胸鳍短而圆，扇形。尾鳍圆形。体背及两侧灰黄色或暗褐色，体侧下半部白色或浅黄色。尾柄上下具窄扁隆起，基部有一大黑点。身体常分泌黏液，有助于使身体润滑，便于钻入泥中。泥鳅除进行鳃呼吸外，还可用皮肤和肠直接从空气中吸取氧气。泥鳅的另一常钓种类是长薄鳅，生长于长江流域。

　　泥鳅在各地淡水水域中均产，以南方河网地带较多。喜生活于淤泥较厚的静水中、缓流水的底层和有腐殖质淤泥的表层，栖息于稻田、池塘、湖沼和江河等有软泥的地方。泥鳅是杂食性鱼类，主要食物是小型甲壳动物、昆虫幼体、水丝蚓、藻类以及高等植物碎屑、水底腐殖质等，习惯在夜间吃食。水温在 15℃ 以上时，食欲逐渐增加，超过 32℃ 时则食欲减退。平时多在夜间摄食，生殖期间则在白天，而且雌鱼摄食明显增加。

十一、黄颡鱼

黄颡鱼又称黄腊丁、黄呀姑、嘎呀、颡刺鱼、黄鳍鱼、郎丝江颡、肥坨黄颡、牛尾子、齐口头、角角鱼。鱼体较粗短，略呈侧扁形，背部隆起，须 4 对，体裸露无鳞。背鳍硬棘后缘具锯齿。胸鳍硬棘比背鳍硬棘长，前后缘均具锯齿。有短脂鳍。整体外观呈黄色，体侧有断断续续的黑色斑块。

黄颡鱼环境适应性强，全国各主要水系的江河、湖泊、水库、池塘、稻田等均有出产，是我国江河湖泊中常见的淡水经济鱼类。其品种主要有瓦氏黄颡鱼和江黄颡鱼等。黄颡鱼喜栖息于静水缓流、多乱石的环境或水生植物丛中，营底栖生活，白天栖息于水体底层，夜间则喜欢游到上层觅食。黄颡鱼喜欢集群和在弱光环境中觅食、活动。秋冬季节低温时多在水深的河流、湖穴、岩洞、石缝中越冬，活动范围较小。仲春开始离开越冬场所，到附近的乱石浅滩、近岸活动摄食，黎明时常见慌忙找寻石洞、缝穴隐蔽的黄颡鱼。夏季江河、湖泊、水库涨水时，水变浑浊，此时黄颡鱼大都游到宽阔的水面摄食水体带来的或水中生长的蚊类幼虫；秋冬时随着江河湖泊水体清澈和水温下降，逐渐游到水较深的乱石、洞穴等处活动觅食。

黄颡鱼是一种以动物性饲料为主的杂食性底栖性小型鱼类，主要食物有螺蛳、小虾、小鱼、摇蚊幼虫、蜉蝣目稚虫、鞘翅目幼虫、昆虫卵、绿色水蜘蛛、苦菜叶、马来眼子菜叶、聚草叶、植物须根和腐屑及其他鱼类产在水生植物上和石块上的鱼卵等，在池塘人工饲养条件下，还摄食人工软性配合饲料。

黄颡鱼产黏性卵，雄鱼具有筑巢及保护鱼卵鱼苗的习性，有较强适应能力，耐低温低氧。生存水温 1～38℃，摄食水温 5～36℃，生长水温 18～34℃，最佳生长水温为 22～28℃，pH 值适应范围 5.2～8.4，最佳 pH 值7～7.6，耐酸力较强，对碱性敏感，溶氧为 3 毫克/升时活动正常。

十二、 乌鳢

乌鳢又名乌鱼、黑鱼、才鱼、生鱼、斑鱼、蛇头鱼、火头、孝鱼。鳢科鱼类有 30 种左右，在我国有鳢属共 8 种，即乌鳢、斑鳢、月鳢、纹鳢、缘鳢、点鳢、甲鳢和眼鳢。在我国已被开发人工养殖的有乌鳢、斑鳢和月鳢。

乌鳢一般体长 20 厘米，体重 500～1000 克。体近圆筒状，尾柄粗短。头长，吻短，略平扁如蛇头，头上覆盖鳞片。口大，口端位，口裂后端伸至眼后缘。眼侧上位。背、臀鳍基部甚长，无硬棘，尾鳍圆形略黄。颌具尖齿。头、体均被鳞。体黑灰色，腹部灰白色，具众多不规则的大、小黑斑。背、臀、尾鳍均具黑色斑纹。

乌鳢在我国分布很广，从南方到北方黑龙江的河川、湖沼和池塘中都产此鱼，以 6 月份产量较多。乌鳢肉肥鲜美，营养丰富，骨刺少，是一种经济价值较高的鱼类，因此很受人们的欢迎。

乌鳢是典型的凶猛肉食性鱼类，爱栖息于沿岸浅水区的泥底中，常潜身于水草丛中伺机追捕食物，对水体的环境适应能力强，特别是在缺氧的情况下，能将头部露出水面，靠鳃腔内的"鳃上器"呼吸，即使在无水的潮湿地点，也能生活相当长一段时间。夏季多在水体的上层活动，春季常在水体的中层活动，秋季水温下降到 6℃ 以下时，游动呆滞，多潜入深水处。夜间常到水的上层活动。平时游动缓慢，但捕食时迅猛异常。春、秋两季是乌鳢的摄食旺季，以各种小型野杂鱼为食，主要有鲫鱼、泥鳅等。

乌鳢的性成熟年龄一般为 2 龄，5～7 月为产卵期，以 6 月较为集中。乌鳢在产卵时，亲鱼反应十分灵敏，产卵后的亲鱼潜伏于鱼巢附近，雌鱼在鱼巢底下，雄鱼则在四周巡视，合力保护鱼卵。在水温 25℃ 时，45 小时即可孵出仔鱼，仔鱼全身纯黑，俗称"黑秧子"或"黑仔"，侧卧于水面下，活动能力极弱。黑仔期的仔鱼仍受亲鱼护卫，直到长到 40～50 毫米长，孵出 20 天左右，黑仔由群集而分散，亲鱼便不再保护它们。如果仔鱼仍贪恋成群，亲鱼甚至会追逐捕食自己护卫过的后代。

黑仔鱼苗长到 1～3 厘米时，体色黄绿色，俗称"黄秧子"，觅食能力很强，生长迅速。黄秧子长到 4～5 厘米时，体色又转变成黑色，生活习性已经和成鱼相近。

十三、 田鲤鱼

田鲤鱼也叫田鱼、红田鱼，本质上来说就是鲤鱼，它是鲤鱼在水稻田里经过长期养殖驯化的地方品种，原产于浙江省南部地区的永嘉、青田一带的山区，也是多年来浙江省稻田养殖成鱼的主要品种，它的形态与普通鲤鱼相似，体色也是多种多样的，主要有红、黑、白、花等几种。青田县稻田养鱼历史悠久，清光绪《青田县志》中就有"田鱼，有红、黑、驳数色，土人在稻田及圩池中养之"的记载。

以浙江青田田鱼产业与文化为代表的稻鱼共生系统现在已经成为全球重要农业文化遗产。青田县地处浙江省东南部，瓯江中下游。东接温州，南连瑞安、文成，西临丽水、景宁，北靠缙云。2005 年 6 月 11 日，在青田县方山乡龙现村，联合国粮农组织首批全球四个农业文化遗产项目之———青田"稻鱼共生系统"正式揭幕，标志着青田县稻鱼共生系统这一全球农业文化遗产保护项目正式启动。这也是目前我国唯一的一个以稻田养鱼为主体的世界农业文化遗产。2009 年 2 月 12 日，"FAO/GEF-全球重要农业文化遗产（GIAHS）动态保护和适应性管理——中国青田稻鱼共生系统试点"在北京召开；2009 年 6 月 12 日 "农业文化遗产保护与乡村博物馆建设"论坛在青田开展；2009 年 9 月 11 日青田举办了"民族文化保护与传统农业发展会议"；2010 年 6 月 12 日青田又召开了"青田稻鱼共生系统授牌五周年纪念座谈会"等，这些都肯定了青田田鱼在稻田养殖中的地位和为丰富我国稻田养鱼体系所做的贡献。

在浙江民间有"方山田鱼塘，山口读书行"之说，说明在青田的山口和方山等地，养田鱼是和读书一样普遍、历史久远，并受到重视的。在青田方山龙现田鱼村，户户房前屋后养田鱼，有水就有鱼，养田鱼就是村民生活的一个重要组成部分。田鱼还深深地融入了青田人生活中，成为日常饮食、待客必不可少的水产品。

经过长期的稻田养殖驯化，田鲤鱼已经适应在稻田环境中的生活。与普通鲤鱼相比，田鲤鱼性情温顺，不善于跳跃，也不易逃逸。在 40℃ 高温的稻田环境下也能生存，即使稻田里水位较浅，露出鱼的脊背时，它仍然能通过腹部贴泥，借助于两个胸鳍在田面上"爬行"自如。其食性和普通鲤鱼一样，杂而广，在人工稻田养殖时，可以投喂专门的饲料，促进它的快速生长。

田鲤鱼的生长速度很快，在稻田条件良好的情况下，当年鱼苗生长快的可达到 0.5 千克左右，最大个体可达 5～10 千克。

田鲤鱼肉嫩、味鲜、色美，可以和鳞片一起食用。既可以活鱼宰杀做成鱼肴，也可以加上佐料，熏成鱼干，色、香、味俱佳，一直是浙南名贵的土特产品。它还因具有绚丽多彩的色相而具有观赏价值。因此，人们赞美它"形若鲤鱼，味赛鲫鱼，鳞似鲥鱼，色近金鱼"。

十四、 金鱼

金鱼在分类学上隶属于鲤科鱼类，是由鲫鱼演化而来，属于淡水温水性鱼类。我国是金鱼的起源地。根据史料记载，1600 多年前的庐山西林寺是最早见到红黄色鲫鱼的地方。这时的红黄色鲫鱼是在自然条件下生活的，和银灰色的鲫鱼处于同样的野生环境中，只是由于体色的原因，才引起了人们的特别注意，尤其是变为金色或红色的种类更易引起人们的关注，当时人们把金色或红色的鱼类统称为"金鱼"。

金鱼的外部形态与其他的鱼类差别较大，而且金鱼品种间的差异也很明显，这些差异都是形态上的变异，其身体各部的组成大都同一般鱼类一样。

金鱼的生存温度范围为 0～38℃，适温范围为 18～28℃。适温时的金鱼游动活泼，食欲旺盛，体质壮实，色彩艳丽。养殖金鱼时要尽可能地将水温控制在 20～28℃ 这个范围内。金鱼的繁殖方式为卵生，黏性卵，黏附于水草等附着物上进行发育孵化。1 龄金鱼即可性成熟，每年春末夏初为繁殖季节。

金鱼是杂食性鱼类，而且是温水性鱼类，这些特点都决定了它是可以在稻田的生态环境中生长发育的。在选择稻田养殖的金鱼时，主要是选择金草鱼、五花金鱼、金鲫鱼、龙睛等耐低氧、耐高温的品种，对于一些比较娇嫩的品种如水泡、绒球、虎头等，则不宜放养。

十五、 锦鲤

锦鲤是一种彩色鲤鱼，因其体表色彩鲜艳、花色似锦而得名。据文献记载，日本的锦鲤是由中国传入的。世界上最早出现的锦鲤大约在公元1804～1829 年，日本人发现有的食用鲤鱼会突变成具有颜色的锦鲤，从而将它们改良成绯鲤、浅黄和别光等锦鲤后，逐渐被人们所欣赏。在 19 世纪初，日本贵族将锦鲤移入庭院的水池中放养，供作观赏，平民百姓难得一见，因此锦鲤又称"贵族鲤""神鱼"。后来锦鲤开始在民间流传开来，人们把它看成是吉祥、幸福的象征，饲养之风日盛。

锦鲤在生物学上属于鲤形目、鲤科、鲤亚科、鲤属，其特征是具 2 对须，这是其在泥中索食的感觉器官，3 排咽喉齿，身体呈纺锤形，分成头部、躯干部和尾部三部分。

锦鲤的皮色具非常重要的观赏性。锦鲤各种各样的色调是由于埋藏于表皮下面的组织之间及鳞片下面的色素细胞收缩与扩散的结果。该种细胞含有 4 种色素：黑色素、黄色素、红色素和白色素。色素细胞的收缩和扩散与感觉器官及神经系统均有关联，对于光线尤其敏感，不同品种的锦鲤有不同的体色、斑纹和图案。

锦鲤是鲤鱼的变种，是一种广温性、杂食性的观赏鱼，它性格温和，不同品种、不同年龄的锦鲤都能和睦相处，具有生命力强、繁殖率高、适应性好等特点，已经成为世界性观赏鱼，分布广、养殖量大。在我国南北各地皆有养殖，已经成为我国观赏鱼增养殖的重要品种之一。

锦鲤是杂食性的，一般软体动物、水生植物、底栖动物以及细小藻类都是锦鲤的美食。在不同的生长发育阶段，它的食性也有一定的变化。锦鲤幼小时主要摄食水蚤等甲壳类的动物性饵料，生长阶段时可摄食水生昆虫、贝壳及水草，长成大鱼后变为杂食性。锦鲤能吞食饵料，也能从泥中吸取食物，对不合口味的食物会从嘴里吐出。锦鲤是卵生动物，雄鱼 2 龄成熟，雌鱼 3 龄成熟，每年产卵一次，每次产卵 20 万～40 万粒，产卵期一般在每年的 4～6 月。锦鲤生长速度快，2 龄以前雄鲤生长较快，2 龄以后则雌鲤生长快。据报道：平均 1 龄锦鲤长 10～20 厘米，2 龄锦鲤长 24～30 厘米，3 龄锦鲤长 37～40 厘米，5 龄锦鲤长 45～50 厘米，10 龄锦鲤长 55～70 厘米。在光照时间较长的中国南方，锦鲤生长得更快。而据日本资料记载，有长达 150 厘米、重量超过 45 千克的超级巨鲤。

和金鱼一样，锦鲤也是非常适宜在稻田里养殖的，由于锦鲤是一种大型鱼类，因此在稻田里主要是进行苗种培育。

十六、 小龙虾

小龙虾是目前世界上分布最广、养殖产量最高的优良淡水螯虾品种，在分类学上与河蟹、河虾及对虾同属于节肢动物门、甲壳纲、十足目、蝲蛄科、原螯虾属。

小龙虾喜温怕光，为夜行性动物，昼伏夜出，营底栖爬行生活，有明显的昼夜垂直移动现象。在正常条件下，白天光线强烈时常潜伏在水中较深处或水体底部光线较暗的角落，或石砾、水草、树枝、石块旁，或草丛、洞穴中，光线微弱时或夜晚出来摄食，多聚集在浅水边爬行觅食或寻偶。该虾多喜爬行，不喜游泳，觅食和活动时向前爬行，受惊或遇敌时迅速向后，弹跳回深水中躲避。当水体溶氧不足时，该虾常攀援到水体表层呼吸或借助于水体中的杂草、树枝、石块等，将身体偏转使一侧鳃处于水体表面呼吸，甚至爬上陆地借助空气中的氧气呼吸，离开水体能成活一周以上。

小龙虾和河蟹一样，具有很强的趋水习性，喜欢新水、活水，在进排水口有活水进入时，它们会成群结队地溯水逃跑。在下雨时，由于受到新水的刺激，加上它们攀爬能力强，便会集群顺着雨水流入的方向爬到岸边或停留或逃逸。在养殖池中常常会发现成群的龙虾聚集在进水口周围，因此养殖小龙虾时一定要有防逃的围栏设施。

小龙虾摄食多在傍晚或黎明，尤以黄昏为多，人工养殖条件下，经过一定的驯化，白天也会出来觅食。小龙虾具有较强的耐饥饿能力，一般能耐饿3～5天；秋冬季节一般20～30天不进食也不会饿死。摄食的最适温度为25～30℃；水温低于15℃活动减弱；水温低于10℃或超过35℃摄食明显减少；水温在8℃以下时，进入越冬期，停止摄食。在适温范围内，摄食强度随水温的升高而增加。小龙虾不仅摄食能力强，而且有贪食、争食的习性。在养殖密度大或者投饵量不足的情况下，小龙虾之间会自相残杀，尤其是正蜕壳或刚蜕壳的没有防御能力的软壳虾和幼虾常常被成年小龙虾所捕食，有时抱卵亲虾在食物缺少时会残食自己所抱的卵，据有关研究表明，一只雌虾1天可吃掉20只幼体。

小龙虾与其他甲壳动物一样，体表为很坚硬的几丁质外骨骼，因而其生长必须通过蜕掉体表的甲壳才能完成其突变性生长，在它的一生中，每蜕一次壳就能得到一次较大幅度的增长。所以，正常的蜕壳意味着生长。

小龙虾的蜕壳与水温、营养及个体发育阶段密切相关。幼体一般4～6天蜕皮一次，离开母体进入开放水体的幼虾每5～8天蜕皮一次，后期幼虾的蜕皮间隔一般8～20天，水温高，食物充足，发育阶段早，则蜕皮间隔短。从幼体到性成熟，小龙虾要进行11次以上的蜕皮。其中蚤状幼体阶段蜕皮2次，幼虾阶段蜕皮9次以上。

十七、 河蟹

河蟹，学名中华绒螯蟹，俗称毛蟹、螃蟹、大闸蟹、清水蟹、胜芳蟹，是我国的特产，也是我国产量最大的淡水蟹类。又根据其行为特征与身体结构而被称为"横行将军"或"无肠公子"。河蟹隶属于节肢动物门、甲壳纲、软甲亚纲、十足目、爬行亚目、短尾部、方蟹科、绒螯蟹属。河蟹的体形，俯视近六边形，背面一般呈墨绿色，腹面灰白色。由于长期进化演变的缘故，河蟹的头部与胸部已愈合在一起，所以整个身体分为头胸部、腹部和附肢三部分。

河蟹为杂食性动物，但偏爱动物性饵料，如小鱼、小虾、螺蚬类、蚌、蚯蚓、蠕虫和水生昆虫等。植物性食物有浮萍、丝状藻类、苦草、金鱼藻、菹草、马来眼子菜、轮叶黑藻、凤眼莲（水葫芦）、喜旱莲子草（水花生）、南瓜等；精饲料有豆饼、菜饼、小麦、稻谷、玉米等。在饵料不足或养殖密度较大的情况下，河蟹会发生自相残杀、弱肉强食的现象，体弱或刚蜕壳的软壳蟹往往成为同类攻击的对象，因此，在人工养殖时，除了投放适宜的养殖密度、投喂充足适口的饵料外，设置隐蔽场所和栽种水草往往成为养殖成功的关键。在天然水体中，特别是草型湖泊中，由于植物性饵料来源易得方便，因此河蟹一般以摄食植物性食物为主。河蟹的食量很大且贪食。据观察，在夏季的夜晚，一只河蟹一夜可捕捉近十只螺蚌。当然它也十分耐饥饿，如果食物缺乏，一般7～10天或更久不摄食也不至于饿死。河蟹不仅贪食，而且还有抢食和格斗的天性。通常在以下四种情况时更易发生：一是在人工养殖条件下，养殖密度大，河蟹为了争夺空间、饵料，而不断地发生争食和格斗，甚至自相残杀的现象；二是在投喂动物性饵料时，由于投喂量不足，导致河蟹为了争食美味可口的食物而互相格斗；三是在交配产卵季节，几只雄蟹为了争一只雌蟹的交配权而格斗，直至最强的雄蟹夺得雌蟹为止，这种行为是动物界为了种族繁衍而进行的优胜劣汰，是有积极意义的；四是在食物十分缺乏时，抱卵蟹常取其自身腹部的卵来充饥。

　　河蟹躯体的增大、形态的改变及断肢的再生都要在蜕皮或蜕壳之后完成，这是因为河蟹属节肢动物，具外骨骼，外骨骼的容积是固定的。当河蟹在旧的骨骼内生长到一定阶段，其积贮的肌体在旧的外壳内不能再被容纳时，河蟹必须蜕去这个旧外壳才能继续生长。河蟹一生要经过多次蜕壳，这是河蟹生长的一个生物学特征。河蟹的幼体阶段可分为溞状幼体、大眼幼体和仔幼蟹三个阶段。溞状幼体经过 5 次蜕皮即可变成大眼幼体（蟹苗）；大眼幼体经过 5～10 天生长发育，再经 1 次蜕皮后即变态成第 I 期幼蟹；幼蟹每隔 5～7 天蜕壳一次，经 5～6 次蜕壳后则成长为扣蟹，此时它具有成蟹的一切行为特征和外部形态。在生产上将 I 期幼蟹培育成 V～VI 期幼蟹的过程称为仔幼蟹培育。扣蟹还需经数次蜕壳后才能达到性成熟，性成熟后的河蟹不再蜕壳直到产卵死亡。河蟹的生长，从个体来说是表现为跳跃性和间断性的，但从其群体角度来说，则是连续性的，河蟹每蜕一次壳，其体重增加 30%～50%，体长与体宽也相应增加。河蟹的幼体刚蜕皮或幼蟹刚蜕壳后，活动能力很差，极易受到敌害生物甚至其他同类的攻击，而其自身的保护、防御能力极弱。因此在发展人工养殖河蟹的时候，一定要注意保护蜕壳蟹（又称软壳蟹）的安全。

十八、　蛙类

　　蛙类是典型的两栖动物，既保持了它们在水中的生长习性，又要经过自身的变态来适应陆地的生活。蛙的生活周期就是成年蛙产出卵，孵化出蝌蚪后，经变态发育成幼蛙，这时已经具有了成蛙的基本特征，然后幼蛙再成长为成年蛙，成年蛙的性腺发育成熟后，又开始产卵，就这样周而复始地进行蛙的生长周期。

　　成年蛙营水陆两栖生活，性成熟的亲蛙经相互追逐后，就在水中进行抱对，然后雌蛙产出卵粒，而雄蛙也同时产出精子并让卵子受精而成为受精卵。受精卵经过一系列的胚胎发育后，经过一定的时间（不同的蛙，时间也略有差异）后，受精卵就孵化出来蝌蚪。蝌蚪是蛙类的幼体，与成蛙有着明显的差异，它完全在水中生活，用鳃进行呼吸，有一条长长的尾巴，完全靠游泳进行活动。随着时间的推移，蝌蚪在适当的条件下会慢慢进行变态，先是长出两条前腿，再慢慢地长出后面的两条腿，这时的尾巴也渐渐地缩小，直到完全消失，与之相适应的是它的内部结构也在发生着变化，使之更适应两栖生活。蝌蚪经变态后就成为幼蛙，幼蛙可以用肺和皮肤进行呼吸，并且开始渐渐地登陆生活，直到它的大部分时间都在陆地上生活。幼蛙经过又一段时间的生长后，会慢慢长大成为成年蛙，成年蛙又会进一步发育成为亲蛙，又可进行抱对、产卵，进入下一个生活周期。

蛙的摄食有它的特性。一是不同阶段的摄食习性有差异，蛙类是以动物性饲料为主的杂食性动物，不同阶段的食性是有一定差别的。在蝌蚪时期以植物食性为主，而自从变态发育到幼蛙后，食性也随之发生变化，以动物食性为主。二是它的食物种类具有差异性，蝌蚪时期的食物种类是以水中细菌、藻类、浮游生物、小型原生动物、水生植物碎片和有机碎屑为主；而成蛙时期则以环节动物、节肢动物、软体动物、鱼类、爬行类为主，其中以节肢动物的昆虫为最多，在蛙的食物检测中，约有 75% 的食物是各种昆虫，这些昆虫大多数是农田害虫，因此蛙类是有益动物。在人工养殖时，经过驯化，它们都可以吃人工配合饲料。三是它的摄食方式很特别，蝌蚪时期的摄食方式主要是以滤食为主，取食时间是全天候的，只要有饵料，它就会取食；而成蛙的取食主要是在夜晚进行，它是采取袭击式的方式进行掠食。在自然状态下，成蛙总是蛰伏不动，当它发现食物时，就会慢慢地接近猎物，在到达一定的距离后，会采取突然跃起的方式扑向食物，同时将口中长长的且带有黏液的舌头伸出去，将猎物粘捕入口。

十九、鳖

鳖是爬行动物的一种特化，它的外部形态与其他的爬行动物有着显著的区别。其具有略软的外壳，俗称"鳖壳"，鳖的头、颈、四肢均可缩入甲壳内。鳖的躯体扁平，背部略高。外部形态分头、颈、躯干、四肢、尾五个部分。鳖的头很小，呈三角形，头顶部很光滑，后部都有细鳞覆盖。吻尖而突出，吻前端有一对鼻孔，便于伸出水面呼吸。眼小，位于头的两侧。鳖的头后部就是颈部，颈部一般都是很长的而且非常有力，能伸缩，转动很灵活，它可以作"S"形的扭动弯曲并能自由缩入甲壳内。口较宽，位于头的腹面，上、下颌有角质硬鞘，可以咬碎坚硬的食物。口内有短舌，肌肉质，但不能自如伸展，仅能起到帮助吞咽食物的作用。鳖的躯干就是它的壳和少数的皮肤，略呈圆形或椭圆形，体表被以柔软的革质皮肤。有背腹二甲，鳖的背甲是厚实的皮肤而不是像龟一样呈角质状的盾片，稍凸起周边有柔软的角质裙边，腹甲则呈平板状，二甲的侧面由韧带组织相连。背面通常为暗绿色或黄褐色，上有纵行排列不甚明显的疣粒。腹面为灰白色或黄白色。鳖的四肢扁平粗短，位于身体两侧，能缩入壳内，可分为前肢两只和后肢两只，前肢五指，后肢五趾。四肢的指和趾间生有发达的蹼膜，同时仅有中间的三趾带有角爪，因此它既可以在陆地上爬行，也可以在水体中游泳，在抓到食物时其有力的前肢和利爪还能将大块食物撕碎，便于咬碎吞咽，具有两栖动物的生活习性。

鳖的生活习性还具有"四喜、四怕"。一是喜阳怕风，在晴暖无风天气，尤其在中午太阳光线强时，它常爬到岸边沙滩或露出水面的岩石上"晒背"。二是喜静怕惊，稍有惊动便迅速潜入水中，多在傍晚出穴活动，寻找食物，黎明前再返回穴中。刮风下雨天很少外出活动。三是喜洁怕脏，鳖喜欢栖息在清洁的活水中，水质不洁容易引起各种疾病。四是喜温怕异，喜欢相对适宜的恒温条件，避免异常的温度条件。在大面积人工养殖鳖时，最适宜的环境就是营造半水半岸的地带，而稻田正好满足了它的这个生活特性，稻田的田面水位较浅，田间沟的水位则较深，这种条件能让鳖保证有舒适的栖息环境，有利于其健壮地成长。

鳖的生长发育过程中还需要有良好的生活环境，喜欢在"肥、活、嫩、爽"的水环境中生活，对于溶氧，养殖环境中要保持 3 毫克/升以上，否则就会影响鳖的生存与生长。pH 值保持在 7～8.5 的微碱性为好，透明度稻田的田间沟里以高于 30 厘米为宜。另外鳖对刺激性气味比较敏感，这是因为它的感觉器官——嗅囊特别发达，所以当养殖环境中的刺激性气味大时，就会对它的中枢神经造成麻痹，甚至窒息死亡。例如在养殖过程中，由于投喂的饲料不能及时被吃完而导致水体中可能会产生一些氨、甲烷、硫化氢等有毒气体，这些对于鳖来说是极其致命的。

鳖能适应短时间的陆地生存，所以它的逃跑能力很强，特别是在夜间它喜欢顺流爬行，如果是雨天，就会随着河水径流迁移，严重的会导致稻田里的鳖逃光，因此在养殖过程中必须做好防逃设施和雨天的检查工作。

第五章

稻田养鱼技术

第一节 稻田养殖鲫鱼

鲫鱼是稻田养鱼中常见的鱼类之一。稻田养殖的鲫鱼包括异育银鲫、彭泽鲫、湘云鲫及其他良种鲫鱼。这些鲫鱼具有生长快、抗病能力强、食性广、易捕捞、耐低温、肉嫩鲜美等优点，在国内有良好的市场。

一、 田块选择

选择水源充足，注排水方便，水质无污染，不受洪水威胁，保水保肥性能好的田块养殖鲫鱼，枯水、漏水及严重草荒的稻田不宜选择。

二、 田间工程

1. 加高加固田埂

修整田埂，夯实加固，外田埂高 50 厘米，顶宽 40 厘米，底宽 60 厘米。内田埂高 40 厘米，顶宽 30 厘米，底宽 50 厘米。

2. 设置拦鱼栅

进出水口呈对角设置，宽度为 30～60 厘米。在进出水口安装拦鱼栅，采用网片、铁筛均可，最好设置 2 层。

3. 挖好鱼沟、 鱼溜

在稻田内挖鱼沟、鱼溜，鱼沟一般宽 50 厘米，深 30 厘米。鱼沟距田埂 1 米左右，一般挖成"口"字形、"日"字形或"田"字形。鱼溜设在鱼沟交叉处，长、宽各为 1 米，深 80 厘米。鱼沟、鱼溜的面积一般占整个田块面积的 5%～10%。

4. 稻田消毒施肥

在鱼种投放前 10～15 天，每亩施腐熟有机肥 150～250 千克、磷肥 40 千克；放养前 7～10 天，稻田及鱼沟、鱼溜用适量生石灰化浆泼洒消毒。用量为干池消毒每亩（田间沟的面积）60～75 千克，带水消毒每亩平均水深 1 米 125～150 千克，也可以用漂白粉消毒，每立方米水体用 20 克漂白粉。注水时一定要在进水口用尼龙纱网过滤，严防野杂鱼等混入。

三、 鲫鱼的稻田放养

1. 放养品种

鲫鱼可选择彭泽鲫、异育银鲫、高背鲫、方正银鲫等品种。放养的苗种既可选择夏花鱼种，也可选择春片鱼种，但由于稻田苗种放养晚，春片鱼种很难购买，而夏花鱼种容易买到，因此一般以选择夏花鱼种为宜。

2. 鱼种质量

选择规格整齐、体质健壮、无伤无病的鱼种。

3. 放养时间

为减少鱼体受伤，提高成活率，鲫鱼苗种一般在稻田插秧 1 周后放养。此时水温稳定在 10℃以上，若是在暂养池或暂养稻田中的鱼，最好在水温 15℃左右分池。

4. 放养密度

鱼种一次放足，可保证每次出塘鱼的规格整齐，便于集约化养殖和出售。夏花鱼种规格达到 2～3 厘米即可，放养密度为 600～800 尾/亩。春片鱼种规格以 50～100 克为宜，放养密度为 150～200 尾/亩。

5. 鱼种消毒

水温 10～15℃，鱼种下田前用 20 毫克/千克高锰酸钾溶液药浴 20 分钟或用 2%～4%食盐水溶液浸泡 10～20 分钟，保证其成活率。在生产中，我们认为如果鱼种质量好、无病或在暂养时已对鱼病进行了处理，则在放养到稻田时也可以不进行鱼体消毒，以便减少鱼体损伤，减少水霉、竖鳞等病的发生。

四、 鲫鱼的投喂

鱼种放养后即开始驯食。驯食越好，饲料在水中停留时间越短，饲料利用率越高。投喂饲料既可投喂豆饼、糠麸、玉米面等混合饲料，也可投配合颗粒饲料。在稻田养殖时，建议以颗粒料为主，根据鲫鱼的生长规格及气候变化、水温高低等因素综合决定投饵量。当水温超过15℃时开始正常投喂，投饵量按鲫鱼体重的 2％～3％ 左右，一般每天投两次，上、下午各一次，上午 8 点左右，下午 4 点左右，每次各投总量的 50％，在月投饵量确定的条件下，6～9 月日投饵次数可以 4～6 次。每日投饵量具体根据水温、水色、天气和鱼类吃食情况而定。投饲坚持"四定"，即定时、定质、定量和定位。在鱼病季节和梅雨季节应控制投饲量。若撒投饲料，则采取"慢-快-慢"的节律，每次投喂 30～40 分钟。

五、 田间管理

1. 勤巡田

鱼种投放后，每天早、晚各巡田一次，观察水质变化、鱼的活动和摄食情况，及时调整饲料投喂量；发现田埂漏塌要及时堵塞、夯实；注意维修进出水口的拦鱼栅，防止洪水漫埂或冲毁拦鱼设备；田间水较少时，要经常疏通鱼沟，如有搁浅的鱼要及时捡入鱼沟内；清除田间沟内的杂物，保持沟内的清洁卫生；发现死鱼、病鱼，及时捞起掩埋，并如实填写记录。

2. 建立养殖档案， 做好日常记录

建立稻田养殖档案，档案的内容包括每块稻田鱼苗、鱼种、成鱼或亲鱼的放养数量、重量、规格、放养时间，捕捞的时间、数量、重量、价格等。

同时认真做好"稻田档案记录手册"记录，坚持把每天的有关工作记录下来，如每天的投饵情况，鱼类活动、吃食情况，鱼病发生情况和预防治疗措施，天气状况，稻田的水温、有无异常情况，采取了什么样的措施等，稻田的水位、秧苗发育情况、秧苗的病害情况等都要详细记录下来，这也是稻田养鱼生产技术工作成果的记录，以便于年底总结和随时查阅。

部分档案管理内容见表5-1～表5-5。

表5-1 鱼种放养记录表 　稻田号　　面积（亩）

品种	放养日期（年月日）	规格		放养量		平均亩放养数量		放养比例/%	
		体长/厘米	体重/克	数量/尾	重量/千克	尾	千克	以尾数计	以重量计

表5-2 生产情况记录表 　稻田号　　面积（亩）

月	日	品种	检查情况		平均尾数/尾	平均体长/厘米	备注
			尾数/尾	重量/千克			

表5-3 日常管理记录表 　稻田号　　面积（亩）

日期	时间	天气	气温	水温/℃	水质指标				水色	投饵情况	健康状况	用药情况	其他
					pH	溶氧	氨氮	亚硝酸盐					

表5-4 鱼病防治记录表 　　稻田号

月/日	水深/米	面积/亩	防治方法		鱼病症状	死亡数量		防治效果
			药品	数量		种类/尾	重量/千克	

表5-5 捕捞统计表 　稻田号　　面积（亩）

月/日	规格	数量/尾	重量/千克

3. 调节水位水质

在不影响水稻生长的前提下，尽量提高水位，以增加鱼类的活动空间，以利生长。最好不晒田，必须晒田时排水要慢，以让鱼安全进入鱼沟。为保持良好的水质，防止水质恶化影响鱼类生长，减少浮头死鱼，要定期换注部分新水，一般每隔 10 天换水 1 次；夏季高温季节，要经常换注新水。

田间沟里的水体透明度为 30～40 厘米，水中溶氧应保持在 4 毫克/升以上。饲养早期，为使田水快速升温，同时也为了满足秧苗的生长需要，田面水深保持 0.2 米左右即可，至 5 月上旬开始逐渐加水；6 月底加到最大水深，7、8、9 三个月高温季节要勤换水，每 7～10 天换水一次，每次 20～30 厘米，先排后进，保证田水的"嫩""活""爽"，促进主养鱼类的快速生长。在水源缺乏的地方，可以通过在合适时候泼洒微生态制剂控制水面的藻类。

4. 农药施用

稻田养殖鲫鱼，可显著减少农药施用量。施农药时，粉剂应在早晨露水未干时喷洒，水剂应在中午露水干时喷洒，尽量将药物喷洒在水稻茎叶上。

5. 施肥

最好施用长效基肥，如农家肥、磷酸二铵或尿素等，不仅对鱼无害，还有利于鱼类的生长。追肥要少施勤施。

6. 疾病防治

坚持"以防为主，防重于治"和"无病早防，有病早治"的方针，定期做好清洁卫生、工具消毒、食场消毒、全田泼洒药物和投喂药饵等措施，避免鱼病暴发。生长期间半个月左右使用 1 次生石灰（亩用 15 千克左右）、漂白粉或 0.1 毫克/千克的强氯精，轮换全池泼洒，以防治出血性败血症等病毒、细菌性鱼病；对车轮虫、小瓜虫、黏孢子虫等寄生虫鱼病则用杀虫剂加以防治。

7. 防除敌害

稻田放养的鲫鱼，由于个体小，易遭敌害侵袭而产量低，因此防除敌害十分重要。这些敌害主要有水蜈蚣、蛙类和水蛇等，既要防止它们进入稻田内，也要在稻田内主动捕杀它们，以减少对鱼类的伤害。

六、 捕捞方法

10月下旬稻田放水，开始捕捞。首先将鱼沟疏通，然后再缓慢放水，鱼逐渐集中在鱼沟、鱼溜中，用抄网将鱼捕出。鱼种应尽快运往越冬池。起运前先将鱼放入清水网箱中，缓出鳃内的污泥，然后清出伤病鱼、死鱼，再放入越冬池。

第二节　稻田养殖黄金鲫

黄金鲫其实也是鲫鱼的一种，由于它具有食用、观赏两用的价值，往往被作为一种名优鱼类来养殖，其中利用稻田养殖黄金鲫是一种可取的养殖方式。生产实践表明，这种经营模式可实现鲫稻双丰收，提高种养综合效益，减少农药施用量，是农民增收的有效途径。

一、 稻田选择

选择水源充足，注排水方便，水质没有污染，不受洪水威胁，保水保肥性能好的稻田田块养殖黄金鲫。严重枯水、漏水及草荒的稻田田块不宜选择。

二、 田间工程

1. 田埂维修加固

在稻田放养黄金鲫鱼前，要做好修整田埂的工作，主要是夯实加固加高田埂。外田埂高 120 厘米，顶宽 100 厘米，底宽 150 厘米。内田埂高 100 厘米，顶宽 75 厘米，底宽 120 厘米。

2. 拦鱼栅安装

为了防止黄金鲫随水流逃出稻田，在稻田进行田间工程建设时，就要做好进排水口的安全防范工作，进出水口最好呈对角设置，宽度为 30～150 厘米。在进出水口安装拦鱼栅，采用聚乙烯网片、铁筛网均可，最好设置 2 层。

3. 鱼沟及鱼溜开挖

和鲫鱼养殖一样，也要在稻田内挖鱼沟及鱼溜，鱼沟一般宽 250～350 厘米，深 120～150 厘米。一般挖成"口"字形、"井"字形、"日"字形或"田"字形。鱼溜设在鱼沟交叉处，长宽各为 100 厘米，深 150 厘米。鱼沟、鱼溜的面积一般占整个田块面积的 5%～10%，这是夏季黄金鲫躲避高温的好地方。

三、 苗种放养

放养的黄金鲫苗种既可选择夏花鱼种，也可选择春片鱼种，但由于稻田苗种放养较晚，一般是五月下旬至六月初，春片鱼种很难购买到，而夏花鱼种更容易买到，因此一般以选择夏花鱼种为宜。一块稻田里的鱼种要力求一次性放足，可保证每次出塘鱼的规格整齐，便于集约化养殖和出售。夏花鱼种规格达到 2～3 厘米即可，放养密度为 750 尾/亩。春片鱼种规格以 50～100 克为宜，放养密度为 200 尾/亩。黄金鲫苗种一般在稻田插秧 1 周后、秧苗返青后即可放养。

黄金鲫鱼种在下田前用 20 毫克/千克高锰酸钾溶液药浴 20 分钟，目的是杀死一些体表寄生虫和对黄金鲫鱼种的体表碰伤处进行消炎，保证其成活率。

四、 饲料投喂

在实际养殖过程中，我们可根据鱼种的放养密度及计划产量决定是否投喂饲料。一般来说黄金鲫夏花鱼种放养密度 250 尾/亩（或春片鱼种放养密度 80 尾/亩）以下且单产 15 千克/亩以下，可不投喂饲料，这是因为稻田内天然饵料可满足黄金鲫的生长需要。如果想要产量达到一定的要求，提高稻田养殖的经济效益，在养殖过程中要投喂饲料，而且要投喂配好的颗粒饲料，为了提高投喂效果，如果有膨化颗粒饲料更好。人工配合颗粒饲料在投喂时定点投喂，最好在鱼溜处投喂，养成黄金鲫定点摄食的习惯。一般每天投喂 1～2 次，每次投喂以鱼 1 小时内吃完为宜。要经常到食场检查摄食情况，根据黄金鲫摄食情况及天气情况，灵活调整日投喂量。

有时我们也不能准确判断投喂的饲料是否满足黄金鲫的摄食要求，可采取试差法来确定投喂量。这种方法其实也很简单，就是在第二天喂食前先查一下前一天所喂的饵料情况，如果没有剩下或略微剩下一点，说明基本上够吃了，可维持这种投喂量 5～7 天；如果剩下不少，说明投喂得过多了，一定要将饵量减下来；如果看到饵料一点都没有了，而且食台附近黄金鲫依然在不断地游荡，说明投饵少了一点，需要加一点，如此三天就可以确定投饵量了。

五、 田间管理

1. 日常管理

一是要认真做好"稻田档案记录手册"记录，把每天的有关工作记录下来。二是要勤巡田，发现田埂漏塌要及时维修、夯实。注意维修进出水口的拦鱼栅，防止洪水漫埂或冲毁拦鱼设备。田间水较少时，要经常疏通鱼沟，如有搁浅在田面上的鱼要及时捡入鱼沟内。三是要及时掌握稻田的水位、秧苗发育情况、秧苗的病害情况等。四是做好稻田烤田、施肥等田间管理工作。

2. 调节水质

田间沟里的水体透明度为 30～40 厘米，水中溶氧应保持在 4 毫克/升以上。在条件许可的情况下，要经常换水，每次 20 厘米左右，先排后进，保证田水的"嫩""活""爽"，促进主养鱼类的快速生长。

在水源缺乏的地方，可以通过在合适时候泼洒微生态制剂控制水面的藻类。

3. 农药施用

稻田养殖鲫鱼，可显著减少农药施用量。施农药时，粉剂应在早晨露水未干时喷洒，水剂应在中午露水干时喷洒，尽量将药物喷洒在水稻茎叶上。

4. 施肥

最好施用长效基肥，如农家肥、磷酸二铵或尿素等，不仅对鱼无害，还有利于鱼类的生长。追肥要少施勤施。

5. 防除敌害

稻田放养的鲫鱼，由于个体小，易遭敌害侵袭而产量低，因此防除敌害十分重要。

（1）水蜈蚣 主要吞食鱼种。应在鱼种投放前 1 个月，亩施茶麸 60 千克，能杀死水蜈蚣。若放养期间发现水蜈蚣，可将鲫鱼和水蜈蚣一起捞入网箱，洒适量煤油，使水蜈蚣触及煤油后窒息死亡。

（2）虎纹蛙 能吞食鲫鱼和鱼饲料。应在投放鱼苗前半个月，亩施生石灰 20 千克，能杀死全部虎纹蛙蝌蚪。

（3）水蛇 吞食鲫鱼，尤其是刚刚入田的鱼种。可用捕蛇器、竹笼诱捕或在闷热的晚间，趁水蛇在浅水处乘凉、采食时进行人工捕杀。

六、 捕捞方法

9 月下旬至 10 月中旬，稻田慢慢降水，开始捕捞。首先将鱼沟疏通，然后再缓慢放水，鱼逐渐集中在鱼沟、鱼溜中，用抄网将鱼捕出。也可以采用在出水口安放集鱼网箱的方法将鱼捕出。鱼种应尽快运往越冬池，做好越冬准备。起运前先将鱼放入清水网箱中，缓出鳃内的污泥，然后清出伤病鱼、死鱼，再放入越冬池。成鱼要立即上市，确保新鲜活泼。

第三节　稻田养殖鲤鱼

鲤鱼是淡水鱼的主要鱼种之一，饲养于河流、水田、淡水鱼塘等。在稻田里放养鲤鱼，让鲤鱼吃稻田里的各种水生动物和浮游生物，特别是吃稻田里的有害动物如蜗牛、福寿螺和危害水稻的各种害虫，不但能使鲤鱼速生快长，迅速增重，快速育肥，而且能使水稻正常生长，减少防治病虫害的投入，使水稻获得高产，还能保护环境。据了解，在稻田里放养鲤鱼，每尾重100克左右的鲤鱼，养殖3～5个月，可以增重至400克左右，无需喂其他饲料，而水稻亩产仍可达550多千克，每亩投资成本减少30多元。

一、 稻田养殖鲤鱼的优势

1. 鲤鱼的适应性强

鲤鱼的适应能力非常强，能完全适应稻田的生态环境。鲤鱼在水深仅几厘米的水域中也能生存。即使在盛夏季节稻田水温上升到35℃时，鲤鱼照样能生存。

2. 鲤鱼的食性杂

鲤鱼具有以动物食性为主的杂食性特点，稻田里的杂草、昆虫之类，都是鲤鱼的美餐，再加上它来回游动，能有效地促进田面表层土质的疏松，会对稻禾的生长起到"耕耘"的作用。

3. 鲤鱼的苗种来源容易

在进行稻田养殖时，我们选择养殖品种的一个重要标准就是苗种来源要方便易得，特别是对于一些交通不便的山区，由于苗种获得困难而无法进行稻田养鱼，而鲤鱼苗种到处都有，解决了这一难题。例如目前发展稻田养鲤比较好的地区，除了平原和丘陵地带，还有一些山区，如四川的川北、湖南的湘西、江西的赣南等都是稻田养鲤的发达区。

4. 群众都爱吃鲤鱼

鲤鱼由于营养丰富、肉味鲜美，人们都喜爱吃它。另外加上鲤鱼的一些传统和故事，如鲤鱼跳龙门等，赋予这种鱼一些美好的传说，因此人们吃鲤鱼已经成为一种习俗和传统，而且这一传统由来已久。例如在山东尤其是曲阜一带，人们崇鲤爱鲤，逢年过节、大事小情，都要吃鲤鱼。

二、 养鲤稻田的选择

养殖鲤鱼时，在稻田选择上要具备以下几个基本条件：一是土质要好，一方面保水力强，另一方面要求稻田土壤肥沃；二是水源要好，水源水质良好无污染，水量充足，有独立的排灌渠道；三是光照条件要好，光照充足，阴坡冷浸田不宜养殖鲤鱼。

因此在稻田的选择上，我们要着重选择水源丰富、阳光充足、无污染、保水保肥性较强、排灌方便的田块，并能防洪、防旱，每块稻田面积最好在3亩以上。

三、 田间工程建设

稻田内做好基础设施，主要是搞好加高加固田埂和开挖鱼沟、鱼凼工作，同时做好进排水口的防逃措施。

1. 加高加固田埂

田埂要加高加固，一般要高出田面40厘米以上，对田埂内侧进行硬化，捶打结实、不塌不漏，主要能有效地防止鱼跃、鸟啄、打洞而造成的损失。田埂整修时可采用条石或三合土护坡。田埂高度视不同地区、不同类型稻田而定：丘陵地区40～50厘米，平原地区50～70厘米，低洼田80厘米以上，田埂顶宽50厘米以上。对于一些"禾时种稻、鱼时成塘"的稻田，田埂可加高加宽达1米以上，防止大雨天田水越过田埂或田埂崩溃，田埂上可种植黑麦草、苦荬菜、苏丹草等青饲料。

2. 开挖鱼沟、鱼凼

鱼沟是鱼从鱼凼进入大田的通道。鱼沟的开挖时间，既可在插秧前开挖，也可秧苗移栽返青后开挖。在水田四周沿田埂开挖，鱼沟的沟宽30～60厘米，深30～60厘米，可开成1～2条纵沟，亦可开成"十"字形、"井"字形或"目"字形等不同形状。

鱼凼是农事时用于鱼的暂时聚集、避暑等最好的地方，在稻田养殖鲤鱼时，鱼凼的修建是关键设施之一，最好用条石修，也可用三合土护坡。鱼凼大小以占稻田面积8%～10%为宜，一般是每块稻田修建1个，对于一些面积较小的稻田，可以采取几块稻田共建一个。鱼凼深1.5～2.5米，由田面向上筑埂30厘米，面积以50～100米²为宜。对于宽沟式稻鱼工程模式则以沟代凼，沟占田面积8%～10%，沟宽2.5～3.5米，深1.5～2.5米。离田埂应保持80厘米以上的距离，以免影响田埂的牢固性。鱼沟必须与鱼凼连接，鱼凼和鱼沟的具体形式根据稻田养鱼的养殖模式和稻田面积大小而定。

3. 开好进排水口

进排水口应选在相对两角的田埂上，在较高处设进水口，在较低处设出水口，进排水时，稻田水顺利流转。进排水口要设置拦鱼栅或装上防逃网，以便大雨过后能够及时排除过多的田水，同时也能严防鱼类逃逸。有条件的可在进水口内侧附近加上一道竹帘或树枝篱笆，避免跑鱼。

4. 搭设鱼棚

夏热冬寒，鱼凼上搭凉棚，让鱼夏避暑，冬防寒。仿生态设计，开挖鱼沟时，注意鱼沟方向，鱼沟尽量南北走向，植物栽沟两边，以豆科植物为主，鱼凼的上方可以搭建瓜棚、葡萄架。

四、 放养准备

鱼种下田前5～7天，逐步加深水位，蓄水后施放发酵过的农家粪肥作基肥培养浮游生物，每亩施用有机粪肥量为200～300千克，复合肥不超过5千克，以肥田肥泥肥水，既有利于水稻生长，又能增加水生动物，有利于鲤鱼生长。当水体颜色呈现清爽的土褐色时，水体繁殖的浮游植物、浮游动物及鱼苗易消化的一类群藻类最多，此时投放鱼苗较好。

五、 种植水稻

1. 水稻品种的选择

用于养殖鲤鱼的水稻品种，在选择上要注意以下几点：一要耐水淹、不易倒伏，经得起水泡和风吹；二要茎秆坚硬、株形紧凑、茎秆较高；三要具有耐肥力，抗病；四要生长期较长，便于养大鱼再转塘或起捕。

2. 插秧

在稻田里蓄满水后，即可在稻田里种水稻，除边沟和"十"字深沟不插秧苗外，其他地方全部插上秧苗，插秧苗前先犁耙田泥，使田泥疏松，然后插秧。

六、 稻田消毒

稻田消毒应在鱼种放养前，主要是清除鱼类的敌害生物（如黄鳝、老鼠等）和病原体（主要是细菌、寄生虫类）。

（1）清田消毒药物　生石灰、茶枯、漂白粉等。

（2）用量及方法　带水消毒亩用生石灰100千克左右，加水搅拌后，立即均匀泼洒。茶枯清田消毒，水深10厘米时，每亩用5～10千克。漂白粉清田消毒，水深10厘米时，每亩用漂白粉4～5千克。

七、 鲤鱼放养

鲤鱼在稻田里的生长还是比较快的，一般放当年鱼种，寸片两个月可长到50克，三个月达100克；50克左右隔年鱼种三个月达300克以上。

插下秧苗后7～10天左右，秧苗返青开始生长时，即可投放鲤鱼，一般每亩稻田投放重100克左右的鲤鱼300～400尾即可，选择健壮、无病、无损伤、活泼的鲤鱼投放，在投放时先让鲤鱼在 25～30 倍大蒜浸出液中浸浴 3～5 分钟进行消毒，然后再投放到边沟中即可。如果是在稻田里培养大规格鲤鱼鱼种，每亩可投放 3～5 厘米的鱼种 1000～1200 尾。用夏花养成鱼种，不投饵，每亩可放 2000～3000 尾，若投饵，每亩可放养 12000 尾。

鲤鱼的放养时间也有一定的讲究，因稻作季节和鱼种规格稍有区别，鱼种放养时间越早，养鱼的季节就越长。早、中稻田放养当年孵化的水花或夏花鱼种，可在整田或待秧苗返青后放入。放养隔年鱼种则在栽秧后 20 天左右放养为宜。放养过早鲤鱼活动造成浮秧，甚至会拱秧苗、吃秧根，过迟对鱼、稻生长不利。晚稻田养鱼，只要耙田结束就可投放鱼种。鱼种在放养前用 2‰～3‰ 的食盐水浸泡 10～15 分钟消毒，再缓缓倒入鱼溜中。放鱼时，要特别注意水温差，不能大于 3℃。化肥作底肥应在化肥毒性消失后再放鱼种。

八、 投喂

在鲤鱼鱼种投放的前五天内，一般不要投喂。鲤鱼可食稻田里的动植物、有机碎屑和失落在田里的稻谷。五天后，田间杂草、萍类等已被鲤鱼吃完，就要补充投喂农家饲料，主要有麦麸、米糠、精饲料，以及木薯叶、甘蔗叶、青菜叶、青草或绿萍等青饲料。

九、 水的调节管理

水的调节管理是稻田养鱼的重要一环，应该以稻为主。养鲤鱼的稻田水位最好控制在 10～20 厘米之间。稻田养鱼灌水调节可分为 6 个时期：禾苗返青期，水淹过田面 4～5 厘米，利于活株返青；分蘖期，水位淹过田面 2 厘米，利于提高泥温，防杂草和夏旱；分蘖末期，沟内保持大半沟水，提高上株率；孕穗期，做到满沟水，利于水稻含苞；抽穗扬花期到成熟，沟内一直保持大半沟水，利于养根护叶；收获期，水位在田面以上 4～5 厘米，利于鱼类觅食活动。盛夏时期，水温有时候可达到 35℃ 以上，要及时注入新水或者进行换水，调整温度。阴雨天要注意防止洪水漫过田埂，冲垮拦鱼设施，造成逃鱼损失。

十、 疾病防治

1. 鱼病

相对池塘养鱼，稻田放养鲤鱼很少会发病，但是一旦发现鱼病就要及时诊断和治疗，以免传染而造成经济损失。当稻田的水温达到15℃以上时，水中病原体开始危害鱼类，易发生鱼病。主要鱼病有赤皮病、烂鳃病、细菌性肠炎、寄生虫性鳃病等。鱼病防治坚持"以防为主，以治为辅"的原则，前期主要注意防治水霉病，做好清田消毒、鱼种和饲料消毒、水质调节和药物的预防等工作，重点是坑溜和鱼沟遍洒。一般应每半个月向田里撒一次干燥纯净的草木灰，每次每亩撒3～5千克，撒在边沟和"十"字深沟里即可。或每半个月泼洒一次EM菌水溶液，每次每亩泼洒800～1000毫升，稀释15～20倍后，泼洒在边沟和"十"字深沟里。在高温季节每半月用10～20毫克/升的生石灰或1毫克/升的漂白粉沿鱼沟、鱼凼均匀泼洒一次（可预防细菌性和寄生虫性鱼病）。用土霉素或大蒜拌料投喂，预防肠炎病。

少数地区鼠害是稻田养鱼失败的原因，要加强防治。另外稻田里存在很多鱼类天敌，如水鸟、水蛇、水蜈蚣等，可以通过加强田间管理，防止鱼类受害，减少损失。

2. 水稻疾病

一是水稻施用农药应选择对口、高效、对鱼类毒性小、药效好且使用方便的农药，如敌百虫、杀虫脒等，禁用对鱼类毒性大的农药。农药剂型方面，多选用水剂，不用粉剂，不使用除草剂和杀螺剂，不然会伤害鲤鱼。若有稻飞虱、卷叶虫、钻子虫等病虫为害，可选用杀虫不毒鱼的苦参碱、藜芦碱、井冈霉素、噻菌铜等高效低毒农药进行防治，既能防病杀虫，又不伤害鲤鱼。

二是正确掌握农药的正常使用量和对鱼类的安全浓度，使用农药时保证鱼类的安全。

三是注意施药方法，养鱼稻田在施药前，疏通鱼沟，加深田水至7～10厘米，同时要把鱼集中在鱼凼后才能施农药。使用时间为早上

9时左右或下午4时后，夏季高温宜在下午5时以后使用。粉剂趁早晨稻禾沾有露水时施用；水剂、乳剂农药宜在晴天露水干后或在傍晚时喷药，可减轻农药对鱼类的毒害。喷药要把喷头向上射，做到细喷雾、弥雾，增加药液在稻株上的黏着力，减少农药淋到田水中。下雨或雷雨前不要喷洒农药，以防雨水将农药冲入水中。施药时可以把稻田的进出水口打开，让田水流动，先从出水口一头施，施到中间停一下，使被污染田水流出去，再施下一半田，从中间施到进水口处结束。

四是施药时要把握好药剂的量，一般一块田最好分两次以上施，让鱼能避开药毒。施用农药时，尽量要避开鱼、鱼沟和鱼凼，减小农药直接与水位的接触面。施药时若发现有中毒死鱼，应该立即停止施用，并更换新水。

十一、 养殖管理

1. 巡田

定期观察鱼类的活动情况，看是否浮头，有无发病，检查长势，观察水质变化。傍晚检查鱼类吃食情况，注意调节水质，适时调节水深，及时清整鱼沟和鱼窝。一般每10天左右清理一次鱼沟和鱼窝，使鱼沟的水保持通畅，使鱼窝能保持应有的蓄水高度，保证鲤鱼正常的生长环境。注意防洪、防涝、防敌害。

2. 施肥技术

要根据水稻生长和水质肥瘦，适时、适量追施有机肥或无机肥。根据农户家庭经济条件，主要以堆肥、施有机肥为主，辅以农家精饲料、青饲料。堆肥是用稻草与畜粪等堆集7～10天后入田。堆肥放在田中，用泥土压或盖好，目的是使其进一步发酵、肥效缓慢肥田和任凭鱼类觅食；堆肥量视水质的肥瘦及养殖过程饲料投喂量的多少确定。施有机肥主要是施放沼气水或人畜粪肥，通过肥水繁殖浮游生物来饲养鱼类。一般堆肥和施放有机肥结合使用。随天气转热，施肥量可逐渐增加，同时要注意水质变化。

十二、 捕捉

采用稻田养鲤鱼，单养鲤鱼，每亩放养鱼种 300 尾的，秋后收获时，平均尾重可达 250 克以上，每亩产 50～80 千克；放养鲤鱼水花的，一般每亩放养 10000 尾，可收获 5～8 厘米鱼种 2500～3000 尾，这些鱼种均可留作来年的鱼种。

在水稻成熟收获时即可捕捉鲤鱼。在捕捉时，首先要疏通鱼沟，夜间排水，缓慢地从排水口放水，让鲤鱼随水流全部游到鱼沟或者鱼凼里，然后用鱼网捕起，最后将田间沟里的水全部抽干，进行人工捕捉，放在鱼篓或者木桶里。捕鱼宜在早、晚进行。达到上市规格的鲤鱼即可上市，未达到上市规格的可暂时留在鱼凼或者水池中，留到第二年放养。若还有未进入鱼沟、鱼凼的鲤鱼，则灌水再重复排水一次即可。

第四节　稻田养草鱼种

总的来说，在稻田里养殖草鱼的优越性要超过养其他鱼，稻田养殖以草食性鱼类为主，草鱼是常见养殖鱼种里除草、吃虫能力突出，而且排粪量大的鱼类，因此稻田主养草鱼能大大降低成本，是稻田养殖的首选。但是利用稻田养殖草鱼也有弊端，就是草鱼爱吃草，即使在饵料充足的前提下，大的草鱼也会啃食秧苗，如果管理得不好，会造成草鱼吃掉稻苗，影响水稻产量。因此根据草鱼的生长特点和食性转化的特点，在稻田里以养殖草鱼种为宜，建议不要养殖成鱼。一般稻田养殖草鱼都会适当搭配 2～3 个混养品种，这样既可充分利用稻田的天然饵料资源又能提高草鱼产量。

为了确保水稻正常生长，又使草鱼种长得好，达到双赢的目的，必须在放养技术上注意以下几点：

一、 稻田的选择

宜选择水源充足、排灌自流、交通方便、无旱无涝的田块，土质为黏性更好。

二、 田间工程建设

1. 鱼沟开挖

要想给草鱼一定的水体活动空间，养鱼的田间工程必须达到标准，绝不能搞平板式的放养，因此鱼沟和鱼凼的开挖是必不可少的。鱼沟的开挖一般根据田的大小和形状，挖成"十"字沟、"一"字沟、"井"字沟或围沟。保证沟宽200厘米、深100厘米，做到沟凼相通，沟与沟相连，便于鱼的活动，来去自由，不得受阻，沟面积占稻田总面积6％左右。

2. 鱼凼工程

鱼凼建在稻田进排水方便的一头，鱼凼面积占稻田总面积的3％～4％，鱼凼深1～1.5米，四周用混凝土砖砌护，每个鱼凼开1～2个宽30～40厘米、高40～50厘米的闸口与鱼沟相连。晒田时，也要保证沟、凼里的水常注、常新、常满。在不影响水稻正常生长的前提下，随着稻苗的生长，逐步加深水位，保持足够的养鱼水量。水量不够，鱼的产量就会受影响。

3. 田埂培高加固

稻田四周田埂均以混凝土砖砌护，田埂高50厘米，宽1米，并夯实，鱼凼四周及田埂四周种瓜果、蔬菜及优质牧草。

4. 建设好拦鱼设施

在稻田养殖草鱼时，最好在水稻发育前期搞好集鱼凼周围的拦鱼设备，这是因为秧苗鲜嫩弱，正是草鱼喜吃的好饲料。所以在放养的前期，应将大规格的草鱼种控制在集鱼凼内，用竹条、柳条、木棍或铁丝网、纱窗等，在鱼凼的周围制成拦鱼栅，拦鱼栅的缝宽或孔隙以草鱼种不能进入稻田为准，拦鱼栅要牢固，高出水面40厘米左右。在稻田进排水口安装好拦鱼设施，以铁丝或竹片制成，大小与数量视稻田大小及排水量而定。

待水稻稻叶挺直远离水面后，稻秧就没有那么嫩，草鱼只要吃饱就不会跳高去吃稻苗了。这时就要及时将集鱼凼周围的拦鱼设备拆掉，让鱼能够到田中活动觅食。

三、 选择优良稻种并合理栽插

进行稻田养殖草鱼的田块，对水稻品种要求也相应要高，由于田沟养鱼常年不能断水，不能频繁施用农药，所以水稻品种应该选择那些茎秆坚硬、能抗倒伏、抗病害、耐肥力强且产量高的品种。要想尽早利用稻田养鱼，增加鱼种生长期，必须要提早培育秧苗，具体时间以各地水稻种植时间为准，越早越好。为了充分利用稻田面积，保证稻田的丰收，稻秧栽插要合理，插秧时采取宽窄行密植，以提高栽种数量，同时秧苗要插实插正，确保快速生长。另外还要充分利用稻田的边行优势，适当增加埂侧以及沟旁的栽插密度，保证稻谷的产量和收益。

四、 稻田处理

为避免草鱼发生肠炎等病，草鱼种在放养到稻田之前，首先应清田消毒。具体做法就是在鱼种放养前 15 天用生石灰对稻田进行消毒，生石灰每亩用 25～50 千克，加水搅拌后立即均匀泼洒。其次施好底肥。养鱼施底肥应根据土壤肥力酌量施用，一般每亩施 300～400 千克有机肥，或 10 千克碳酸氢铵和 10 千克磷酸钙混合施用。

五、 鱼种放养

放养的草鱼鱼种要求品质好、体质健壮、无病、无伤。在稻田里养殖草鱼种时，最好是单养。如果需要混养时，建议搭配比例为草鱼 50％～60％，鲤鱼 20％～30％，花白鲢鱼 10％～15％，鲫鱼 5％～10％。

放养密度及规格在原则上是规格大则少放，规格小则多放，作为以培育草鱼鱼种为主的稻田养殖，可放寸片鱼种 1000～1500 尾/亩。

草鱼种放养时用 3％～5％浓度的食盐水浸浴 5～10 分钟，以使鱼体消毒。鱼种放养时间一般为栽秧（每年 5 月中下旬）后 7 天。大规格草鱼种先暂养于鱼凼内，待秧苗盈穗后再与大田相通。草鱼夏花或小规格的草鱼种则可直接放到田间沟内。

六、 科学投喂

1. 天然饵料的培育

由于草鱼是草食性鱼类，可以适当地在稻田里引入浮萍等浮游植物，同时在培育草鱼种时，可以通过施肥培育稻田里的水蚤等饵料生物来供草鱼种摄食。

2. 人工饵料的投喂

稻田养殖草鱼种尽管可以充分利用稻田各种养分等丰富的饵料资源培育鱼种，同时鱼类粪便又可肥田肥水，但这并不是说稻田养鱼可以不投喂饲料就能使鱼类快速生长。相反，要想鱼稻双增，必须加强精细投喂，投喂饲料要充足。

稻田养草鱼可以投喂各种饲料，草料要新鲜可口，浮萍、青菜、青草或糠麸均可，另外谷子、麦子、发芽玉米也可投喂草鱼。如果养殖规模较大，必须投喂全价配合饲料。要求饲料中蛋白质的含量要达到 35% 以上，每天投饲量为稻田中鱼体总重量的 3%～5%。如果使用农家现有资源自配混合料，最好加工成颗粒投喂。在投喂上讲求"四定"精细投喂原则，即定时、定量、定质、定点，先喂草料后喂精料。常规情况下每天投喂 2 次，时间分别在上午 8～9 时和下午 3～4 时。一般鱼类在 25℃ 以上时生长最快，此时应加大投喂量；在阴雨、闷热等恶劣天气时要减少或停止投喂。投喂时注意观察鱼类摄食情况，以此相应调整投喂量和投喂次数。精细投喂可促进鱼类快速健康生长，增重快，产量高，相应提高稻田养鱼综合效益。

七、 合理施肥， 谨慎用药

给养殖草鱼种的稻田施肥，不仅有利于水稻生长，还可以为鱼类生长提供养分，一肥两用，鱼稻受益。所以施肥必须讲求科学施用，肥种一般以有机肥为主，在稻田开始翻耕时，每亩按 200 千克施足底肥，达到肥田肥鱼的效果。而追肥要求少量多次，也尽量使用有机肥，但施肥量应低于常规池塘养鱼，一般要减少20％～40％。

在稻田防治病害时，要切记谨慎用药，因为很多水稻防治病药物对鱼类损伤较大，不仅抑制鱼类生长，而且会危及鱼类生命。水稻病虫害的防治必须以生态防治为主，例如稻田中除草剂应少用，对于一些低矮的或附生在田面上的杂草，草鱼可以直接将它们吃掉，而对于一些坚硬的高秆杂草则以手工拔除为主。有些病害可以使用草木灰等天然药物防治或手工捉虫的办法解决。如果必须用药时，应当选用高效低毒、低残留的药物品种，千万不要使用禁用鱼药，更不要使用剧毒农药。在水稻施用药物时，最好采用喷雾方式，喷药时喷嘴向上喷洒，尽量将药洒在叶面上，减少落入水中的药量，防止毒害草鱼。农药若是粉剂，必须在清晨露水未干时喷洒，以便药物黏附于叶面而不至于落入水中。若是水剂，则要在露水干后喷雾，以便稻叶吸附药剂。为确保田沟中鱼类安全，水稻施药前要将田间水灌满，以稀释药物浓度，施药后及时换掉田水，注入新鲜无毒的水。施药时注意关注天气预报，切不可在雨前喷药，因为雨前喷药既治不了水稻病害，又加大了草鱼中毒的风险。

八、 做好草鱼鱼病防治工作

草鱼种下田后，每半个月对全田消毒一次，生石灰、漂白粉、强氯精交替使用。同时，每10～20天投喂内服药（鱼血散、大蒜素）预防。做到"无病先防，有病早治，防重于治"是预防鱼病的根本原则。草鱼在稻田里的疾病主要有烂鳃病、赤皮病、肠炎病以及草鱼暴发性鱼病。

稻田养殖草鱼时对鱼病防治应当坚持"以防为主，治疗为辅"的原则。尤其是夏季高温，水中各种生物生长旺盛，草鱼鱼病的发病率也较高。在鱼病流行的高峰季节，重点要抓好以下三项工作：

1. 全田泼洒药物

用90％晶体敌百虫每立方米水体0.5克可杀灭锚头鳋、中华鳋、三代虫等。用硫酸铜每立方米水体0.5克，硫酸亚铁0.2克，可杀灭车轮虫。

2. 投喂药饵

例如预防草鱼的肠炎时，可采用药饵投喂的方式来预防，方法是每100千克鱼用大蒜头 0.5 千克，先捣碎加盐 200 克，拌麦麸、面粉投喂。

3. 生态防病

光合细菌、利生素、芽孢杆菌等，可作为水质净化剂，能有效地降低稻田尤其是田间沟里的水中的氨氮含量，同时对调节水质有重要作用，使水质达到养鱼良好的条件，有效预防鱼病。

九、 其他管理

1. 加强巡田

管理除严格按稻田养草鱼和种稻的技术规范实施外，每天需要通过巡田及时掌握它们的情况，并针对性地采取办法，特别是在大雨、暴雨时候要防止漫田，检查进出水口拦鱼设施功能是否完好，检查田埂是否完整，是否有人畜损坏，并及时采取补救措施。

2. 供水管理

主养草鱼的稻田在水稻分蘖期可以灌深水，淹没稻禾的无效分蘖部位，供草鱼食用。

3. 科学调控水质

高温季节，水质极易变坏，应经常加注新水，一般每隔 7～10 天换水一次，每月追施生石灰一次，一般 10～20 千克/亩，保证水质达到"肥、活、嫩、爽"。

4. 清洁鱼沟鱼凼

当稻田养草鱼的鱼种放养密度较大、鱼产量较高（投饵型）时，草鱼的摄食量多，排出的粪便也多，非常容易造成水质污染。对于田面上的草鱼粪便是不足为虑的，一方面是量少，另一方面是禾苗很快便能吸收。但是对于鱼沟鱼凼来说，大量的草鱼集中在这里吃食排粪，是非常容易影响田间沟里的水质的，因此要积极做好预防工作，不断清洁鱼沟鱼凼，确保水质达到养殖要求，如果发现鱼病要及时对症治疗。

第五节　稻田养殖罗非鱼

罗非鱼原产于非洲，为一种中小型鱼，具有食性杂、生长快、适应性强、疾病少、雄性率高、群体产量高、肉质好等优点，形似本地鲫鱼，故又有人叫它"非洲鲫鱼"。现在它是世界水产业的重点科研培养的淡水养殖鱼类，且被誉为未来动物性蛋白质的主要来源之一。罗非鱼存活于湖泊、江河、池塘中，有很强的适应能力，且对溶氧较少的水体有极强的适应性，在稻田里也可养殖罗非鱼，它也是稻田养鱼的重要品种。罗非鱼和水稻对水温的要求比较接近，养殖和种植季节比较统一，因此稻田养殖罗非鱼可获得鱼稻双丰收。由于罗非鱼是热带鱼类，因此最适宜在华南地区的稻田种植区养殖。

一、　稻田的选择

一般来说，能种水稻的田都能养殖罗非鱼。但是为了使罗非鱼获得稳产高产，养殖罗非鱼的稻田要选择水源充足，进、排水方便，不受旱涝、洪水影响，水质清新，无工业污染，土质良好，交通方便，保水力强，阳光充足，水质和土壤酸性不过高，土壤肥沃的水稻田。养殖罗非鱼的稻田面积以 20～30 亩为宜。

二、　田间工程建设

一般的稻田水浅，如用来养殖罗非鱼，须先做以下改造工作：

1. 加高加固田埂

一般将田埂加高到 60～80 厘米，宽 30～40 厘米，底宽 1.5～2.0 米，并夯打结实，以防大雨时田埂溢水逃鱼，同时可防止黄鳝、泥鳅、鼠类等钻洞，造成漏水逃鱼。

2. 开挖鱼沟、鱼溜

在养鱼稻田开挖鱼沟、鱼溜，是为了在水稻浅灌、晒田、施化肥、施农药或遇到干旱缺水时，罗非鱼有比较安全的躲避场所和正常地生长，同时也有利于捕捞时驱赶集中捕捞。鱼沟和鱼溜可在插秧前挖好或插秧后 10～15 天开挖。鱼沟的深度要求 30～50 厘米，沟的上面宽 30～50 厘米。鱼沟的开挖法，要看田块的形状、面积大小和排水口的方向而定。面积较小的田开"田"字形、"日"字形；面积较大的田可开"目"字形、"工"字形等鱼沟。沿田埂周围的圈环沟要在靠田埂留下一行秧苗之内开挖，开挖鱼沟占用的秧棵可密植在靠田埂内侧的那行秧棵内。这样，既可为鱼沟遮阴，又弥补了挖沟所占的面积。尽管边行很密，但由于一边靠田埂，一边靠鱼沟，通风良好，阳光充足，稻禾长势往往比中间还好。面积 1 亩以上的稻田可在田中央开挖"十"字形中央沟。4～5 亩的长方形稻田可在田中央开"井"字形沟。中央沟与环沟相通，环沟的两端要与进出水口相接。在鱼沟的交叉处或田四角开长 1 米、宽 66 厘米、深 66～100 厘米的鱼溜，与鱼沟相通。鱼溜的多少依田块大小、形状和排水口的方向设置。鱼溜面积一般采用边长 3 米的方坑或直径 3～4 米的圆坑，坑深 1.0～1.2 米。实践证明，1300 米^2 以下的田可挖 2～3 个，1300 米^2 以上的田则可挖 4 个以上，其总面积可控制在稻田总面积的 1% 左右。这样就确保整个鱼沟和鱼溜的开挖面积占稻田总面积的 8% 左右。

3. 开挖进排水口及安装拦鱼设备

进排水口的地点应选择在稻田相对两角的田埂上，这样，无论进水还是排水，都可以使整个稻田的水顺利流转，确保稻田内水交换充分。在进排水口要设置拦鱼设备，避免罗非鱼逃逸。拦鱼设备可用木头制成木框，木框上敷设铁丝网或聚乙烯网片，网眼的大小要随鱼体的大小而变动，以防逃鱼。拦鱼设备可做成"人"字形或弧形，凸面朝向水流，增加过水面，避免水大时冲垮拦鱼栅，安装高度要求高出田埂 30～50 厘米，下部插入泥中，要牢固结实，没有漏洞。

三、 放养准备

稻田田间工程结束后，放养前 2 周，每亩用 75～100 千克生石灰化水泼洒在鱼沟及田块中消毒，次日将沟及田底耙 1 遍，使石灰浆与淤泥充分混合。放苗前 1 周施入发酵过的畜粪肥进行肥水，每亩用量 200 千克，以培育水中天然饵料。

四、 适时放养

合理密养对于保证稻鱼双丰收是非常重要的。稻田养罗非鱼的放养时间，若是当年繁殖的鱼种，应力争早放，每年春季当水温回升，稳定在 18℃ 以上时（约在 5 月下旬至 6 月上旬），此时一般都已是插秧后的 7～10 天，秧苗返青扎根后即可放养冬片鱼种。放养隔年较大规格的越冬鱼种不宜过早，应在插秧后 20 天左右放养。放养过早鱼要吃秧苗。有的地方为了增加鱼类生长期，在 5 月中旬便将鱼种放入鱼沟中饲养，待秧苗返青后再打通鱼沟放鱼入田，这也是行之有效的好办法。

五、 放养方法

鱼种宜选择体质健壮、活动力强、无伤病、规格整齐的鱼种。放养密度要合理。由于各地放养鱼种规格不一，栽种水稻技术和施肥种类、数量等各有差异，放养量也有所不同。在可能的情况下，应投放大规格鱼种，可以提高出田商品率。因此一般每亩可放规格为 5～6 厘米的罗非鱼鱼种 300～400 尾，搭配草鱼、鲢鱼等 20～30 尾，以控制水质。实践证明，在养殖罗非鱼的稻田中搭养一定比例的鲤鱼，可起事半功倍的作用。为抑制养殖过程中出现仔鱼的情况，可搭配少量鲶鱼夏花。具体的放养量可根据稻田条件、水质环境、排灌条件及管理水平灵活掌握。

鱼种入池前要进行消毒，一般用 3％～5％ 的食盐水浸浴鱼体 5～10 分钟。放鱼时间应选在晴天的上午或傍晚，切忌在雨天或晴天正午放鱼。放养时，将鱼种投放到鱼溜里，使鱼种由此经鱼沟慢慢游到稻田里觅食，以便熟悉鱼沟、鱼溜。

六、 饵料投喂

稻田养殖罗非鱼一般不投饵,全靠摄取天然饵料生长。但稻田中天然饵料有限,适宜投喂一部分饵料能加速其生长,提高产量。罗非鱼进入稻田后的2~3天便可开始投喂。在养殖过程中,为了节省成本,同时也符合无公害原则,在罗非鱼达到150克之前,采用肥水养殖,依靠动物粪便肥塘培育生物饲料养鱼,一般情况下,每周施肥1次,每次每亩施放100~150千克。2~3月后,待所养的罗非鱼达到250克/尾的规格后,进入中期养殖,改变养殖方式,投放全价配合罗非鱼饲料养殖,这时,理论上的投喂原则是坚持"四定"投喂,饲料中蛋白质含量开始应为32%~35%,每天投饵量为鱼体总重量的3%~5%。一个月后投饵量可调至鱼体总重的2%,并保证饲料中蛋白质含量在27%~29%。每天投饵系数一般为1.5~1.8,不宜超过2。实际上,很多养殖户在投放饲料时,只要鱼群能摄食,在不浪费饲料的原则上,鱼群能摄食多少就投多少,所养的罗非鱼生长更快,7~8个月左右能养成至1千克/尾以上。中后期,要保持水质清新,确保鱼类有良好的食欲,以达到快速生长的目的。

如果没有配合饲料,可以自制饲料,这里介绍两个罗非鱼饲料配方:①米糠45%、豆饼35%、蚕蛹粉10%、次粉8%、骨粉1.5%、食盐0.5%;②豆饼35%、麸皮30%、鱼粉15%、大麦面8.5%、玉米面5%、槐树叶粉5%、骨粉1%、食盐0.5%。

七、 日常管理

俗话说稻田养鱼是"三分技术,七分管理"。这是由于稻田水浅、水面小,鱼种活动受到限制,加上水稻耕作上的复杂性(如施肥、喷洒农药、晒田等),田间管理成为罗非鱼产量高低的决定因素。

1. 加强巡田

每天早、中、晚测量田间沟内的水温、气温,每周测1次pH,测2次透明度。清晨、夜晚各巡田1次。做好防洪、排涝和防逃工作,随时注意观察天气情况,遇有大雨或暴雨时,要检查进排水口及拦鱼设备是否完好，如有堵塞和损坏，要及时疏通和修补，防止漫水和逃鱼。要经常检查田埂，发现有漏洞和崩塌应立即堵塞和修补。

2. 水质管理

鱼种投入到稻田后，要保持田水呈茶褐色，田间沟里的透明度以 25～30 厘米为宜。一般每周施肥 1 次，每次每亩施畜粪肥 150～200 千克。在天气晴朗、田间沟里水体透明度大于 30 厘米时可适当增加施肥量；如果发现稻田里的水质过肥时，应减少或停止施肥，并注入新水。在高温季节，一般每周换水 1～2 次，每次换去田间沟水的 20%～30%，使池水保持良好的水质。如果发现稻田表层的水质变坏，如秧苗根处的水色变浓、变黑，甚至发臭，应及时换水，可先将稻田的田面上的水全部排掉，然后将田间沟里的水排掉 1/3～1/2，再放进新水，直到水质变好为止。

3. 预防鱼病

稻田中罗非鱼一旦得了病，治疗相当困难。坚持健康养殖，按规程操作，在鱼种放入稻田前必须对鱼种进行浸洗消毒，以达到预防鱼病的目的。每隔 10～15 天，每亩（按稻田的实际面积）用 15～20 千克的生石灰化水全池泼洒，定期在鱼沟、鱼凼或整个稻田中泼洒漂白粉，浓度为 2 毫克/升，或 90% 晶体敌百虫，浓度为 0.3～0.5 毫克/升。泼洒晶体敌百虫既可防治鱼病又能防治水稻病虫害。调节稻田水 pH 呈微碱性，用生物制剂改善稻田微生物结构，改良水质。当水体环境中氨氮及亚硝酸盐的含量超标时，可选用主要成分为枯草芽孢杆菌等微生物的微生态制剂进行调水，使用时要注意技巧。先将粉剂用水浸泡，加入红糖或豆浆，阳光下发酵 2～3 小时，让有益细菌迅速繁殖，然后全池均匀泼洒，如此使用效果更佳。

4. 田间水的管理

鱼种放养初期，因鱼体较小，田水宜浅，有 6～7 厘米深即可，以后随着鱼不断生长，逐渐加深到 15 厘米左右。高温季节要提高养殖水位，增加养殖水体容量，稻田的水位尽可能地能加多少是多少，田间沟的水位应保持在 1.8～2.2 米，并随时加注新水，以防水位下降。在整个稻田养鱼的过程中，应始终保持既不影响水稻生长，又适合养鱼的水位。

下雨或有洪水时，应加强巡查田埂，确保其牢固程度。注意进出水口的畅通和拦鱼设备效果，如有堵塞和损坏，要及时疏通和维修。要根据稻田需要适时调整水深。调整的原则是以稻为主，适当照顾养鱼。稻田浅灌和晒田前要先检查鱼沟和鱼溜，保证罗非鱼有足够的游动空间。如果无法解决晒田对鱼的影响，应设法将鱼转移到别的稻田继续饲养。

5. 做好清除敌害工作

如发现养鱼稻田中有水鸟、水蛇、黄鳝、田鼠等，应及时除灭。注水时防止从进水口进入野杂鱼。鱼放养后，要严禁鸭子下田。

6. 正确使用化肥和农药

养鱼的稻田对施基肥和农家肥无特殊要求。养鱼稻田施化肥作追肥，用尿素、硫酸铵等追肥，应少量、多次，一次施半块田，切忌直接在鱼沟中施肥。每亩使用尿素 4～5 千克或硫酸铵 5～8 千克，或将化肥直接与土拌和成球粒肥料，分施在秧的根部，这样不仅化肥用量少，肥效高，而且对罗非鱼也安全。一般不要用氨水作追肥，否则易毒死罗非鱼。

养殖罗非鱼稻田中喷施农药，要求既能有效防治水稻病虫害，又要避免罗非鱼受到损失。施用农药要选择高效低毒、残留期短、对鱼毒性较小的农药，严禁使用鱼藤精、毒杀芬、二二三、六六六、五氯酚钠等剧毒农药。在喷洒前要适量加深田水，以稀释落入水中的农药浓度。使用对鱼毒性大的农药时，应先将田水排干，使鱼进入鱼溜，待药性消失后，再灌水让鱼入田内。施农药尽量喷洒在稻叶上，以利提高防治病虫害的效力，减少药物落入水中对鱼造成的危害。

八、 捕鱼

稻田养殖罗非鱼的收获，一般在水稻收割后进行。一般在收鱼前几天先疏通鱼沟，然后慢慢放水，让罗非鱼全部自动进入鱼沟、鱼溜内，使用渔网在排水口处就能收鱼了，也可用抄网将鱼捞起，最后顺着鱼沟检查一遍，捞起遗留在鱼沟或田间沟里的鱼。如一次捕不干净，可重新灌水，再重复捕收一次。晚稻田养殖的罗非鱼，收鱼不能太晚，一般在稻田水温

15～18℃时就要收鱼，捕捞越冬鱼要选择风和日暖的晴朗天气，否则就会将其冻死，很难起捕。

如果以亩放罗非鱼300～400尾计，6月份放种，鱼种规格为5厘米以上，10月份收获，每亩将可获得每尾平均重为180克左右的罗非鱼60～85千克。

<h1>第六节　稻田养殖胡子鲇</h1>

在稻田里虽然可以养鱼，但不是什么鱼都适合在平原地区的稻田里饲养。水稻田里的水位比较低，夏天的时候如果遇到高温，水温就会很高。而胡子鲇既能耐高温，还可以抗缺氧，是一种很好的稻田养鱼的选择品种。

胡子鲇有着特殊的生活习性，喜欢在水里爬行，鲇鱼这种特殊的生活习性，还给稻田带来了特殊的作用——松土，由于鲇鱼的活动，水中和土壤中都富含氧气，水稻能够得到充分的呼吸；另外，鲇鱼的爬行还能抵制水中杂草的生长。除了供氧、除草以外，鲇鱼还能为稻田消灭一定的虫害。鲇鱼善于跳跃，能捕食飞行能力低的飞虱、叶蝉等害虫，其猎食高峰期在傍晚和黎明，这与昆虫的活动时间相吻合。与此同时，大量的食物来源让鲇鱼产生足够多的排泄物，可作为水稻生长所需要的天然有机肥料。据测算，一条鲇鱼在稻田中活动4个月左右的时间，累计排泄物达20千克左右，其中含氮80克，磷140克，钾62克，按每2米²放养1条鲇鱼的密度计算，其排泄物能满足水稻正常生长所需要的氮、磷、钾等养分。

一、田间工程

在利用稻田养殖胡子鲇时，需要在稻田的四周开挖环沟，沟深1米左右，宽1.5米，利用开挖沟的土来加高加固田埂，田埂加高到0.5米，顶宽1米，面积在3亩左右的稻田，宜在稻田的中间开挖一条"十"字形中间沟，沟宽0.5米、深0.6米左右。

二、 防逃设施

胡子鲶的迁移能力非常强，它能利用自身强大的硬棘，在陆地上支撑身体进行短距离的爬行，甚至可以越过许多障碍物，从一块稻田逃逸到另一块稻田里，因此在进行稻田养殖时，必须做好防逃设施的准备工作。

1. 防逃网防逃

胡子鲶除了能攀越田埂和从进出水口处潜逃外，还能跳离水面 20 厘米高的地方逃逸，所以要用网或帘子把田埂加高一点。防逃网可采用麻布网片、尼龙网片或有机纱窗，一般高 50 厘米左右，用网目不超过 0.5 厘米的网衣，也可以用硬质塑料薄膜，也就是农用聚乙烯薄膜。它的优点是造价低廉，缺点是抵御风雨及抗低温能力差，在长期风吹日晒下特别易破损，要经常维修更新。在易涝的低洼稻田主要以这种方式防逃：用网围在稻田四周，选取长度为 1 米的木桩或毛竹，削掉毛刺，打入泥土中的一端削成锥形，或锯成斜口，沿田埂将桩打入土中 50 厘米，桩间距 3 米左右，并使桩与桩之间呈直线排列，稻田的拐角处呈圆弧形，将网或塑料薄膜固定在木桩上即可。

2. 钙塑板防逃

安插高 55 厘米的硬质钙塑板作为防逃板，埋入田埂泥土中约 15 厘米，每隔 75～100 厘米处用一木桩固定。注意四角应做成弧形，防止胡子鲶沿夹角攀爬外逃。

3. 两级台阶防逃

把稻田四周的田埂挖成两级阶梯形状，上下约 20 厘米的落差，当胡子鲶跳跃到第一级台阶上时，由于台阶上没有水，胡子鲶就不会继续向上一级台阶跳跃了，只能下到田间沟的水里，从而起到防逃的效果，这种效果既方便又实用。

三、 苗种暂养

为了提高胡子鲶在稻田中养殖的成活率，对鱼苗要进行暂养，先将鱼苗暂养到 3 厘米以上，再放入稻田中。

鱼苗暂养池有多种多样，既可以在水泥池中，也可以在小池塘中，还可以在稻田里开挖田塘式田间沟专门用于苗种的暂养与培育。不过最好用水泥池进行暂养，它的优点是便于管理，捕捞容易且起捕彻底，还可以防止敌害的侵袭。水泥池可以砌成方形，一般以 10～20 米^2 为宜，可采用长 5～6 米、宽 3 米、池高 1 米的规格，在池底铺设纱窗网。

苗种暂养时的放养密度可以高一些，一般为 1500～2000 尾/米^2。暂养阶段的饲料以浮游动物为最好，也可用蛋黄、奶粉，再将一些低值的野杂鱼用打浆机打碎，与玉米面混在一起做成混合饲料，日投饵两次，每 3～5 天换一次新水，换水量为 1/4 左右，保持暂养池内的水质清新。

四、 稻田培肥

为了让胡子鲶进入稻田后能有适口的天然活饵料供其食用，从而提高其成活率，增加鱼的体质，减少疾病发生的概率，在鱼种进入稻田前需要对稻田进行培肥，方法是在田间沟里放入一定量的人粪和猪粪，按田间沟的面积计算，每亩可施 300 千克左右，经过一周的时间，田间沟里就能生长出大量的剑水蚤等天然活饵料。

五、 鱼种放养

放养到稻田里的胡子鲶鱼种要求规格整齐，大小一致，体质健壮，如果仅仅是利用天然饵料进行养殖，每亩稻田可放养 8～10 厘米长的鱼种 10～20 尾；如果进行人工投喂时，放养密度可增加到每亩 150～250 尾。为了提高稻田养殖的经济效益，在养殖过程中可全程投喂饵料，因此放养密度可以大一点，每亩放养 200 尾左右是完全可以的。

六、 投喂

胡子鲶的饲料以动物性饲料为主，如人工培育的水蚤、水蚯蚓等活饵料，煮熟的猪血和动物屠宰下脚料，随着胡子鲶的生长，它的口径也不断长大，这时可用煮熟切碎的动物内脏、杂鱼杂虾来投喂。根据观察，在稻田里养殖胡子鲶时，用鸡肠子投喂效果特别好，鱼也特别爱吃，鸡肠子的饵料系数约为 4，因此在稻田养殖胡子鲶时，可以考虑和当地菜市场内的鸡、鸭、鹅屠宰区合作，专门收购肠子等动物内脏，也可用鱼粉、蚕蛹、菜籽饼、豆粕等配制成专用的配合饲料。

当然最好的还是投喂大型饲料厂家生产的颗粒饲料，一是这些颗粒饲料大小粒型都有，能满足胡子鲶不同生长阶段的需求；二是大厂配制的颗粒饲料总体上来说质量有保证；三是投喂方便，饲料报酬高；四是省去了人工配制的麻烦。

在鱼种入田两天后开始投喂饲料，投喂要按"四定"原则。这四定就是投喂饲料要求定时、定位、定质、定量，使投饵更加科学化、具体化，以提高投饵效果，降低饵料系数。

（1）定时　每天投喂的时间应相对稳定，根据稻田的具体特点与胡子鲶的摄食特点，一般每天投喂一次即可，也就是在 16:00～18:00 投喂。

（2）定量　投喂的饲料要适量，避免过多过少或忽多忽少，根据水温、不同规格、不同季节天气和鱼体重量，及时调整投饵量，一般投喂量为稻田内存量胡子鲶重量的 8%～15%。建议每次投完料后 2 小时必须查料，在 8、9、10 三个月保持鱼的八成饱即可，喂得太饱容易导致发病，同时造成饲料浪费。发病季节、天气闷热、气压低时或雷雨前后投饵量要减少或停喂。每天 20:00 检查吃食情况，如投喂的饲料全部吃完，第二天可适当增加或保持原投饵量，如吃不完第二天要减少。

稻田养殖胡子鲶各月份饵料投放比例举例见表5-6。

表 5-6　各月份饵料投放比例表

月份	5 月	6 月	7 月	8 月	9 月	10 月	11 月	12 月至第二年的 4 月	合计
比例/%	4	8	18	28	30	10	2	0	100

（3）定位　在胡子鲶苗种培育时可采取沿池边泼洒的方式；但是到了稻田养殖时，还是要定点投喂为好，在稻田的田间沟边设置专用的食台，每亩可设 10 个左右，每个食台 0.5 米² 即可，食台离田埂 40 厘米，位于水下 15～20 厘米。也可以训练胡子鲶上浮集中吃食。

（4）定质　投喂的颗粒饵料质量要过关，投以高质量的配合饲料，各营养配比要合理，不投腐败变质的饲料，以免引起鱼病。同时根据鱼类生长的特点，配备适口的颗粒饵料，要能满足胡子鲶的生长要求。

与其他鱼类养殖不同的是，由于胡子鲶的味道有泥腥味，因此在饲养过程中应尽量少用或不用膻臭气很浓的饲料，以提高鱼肉的质量和鱼的抵抗力。

七、 日常管理

1. 加强水质管理

良好的水质能促进鱼的食欲，促进其生长，并能防止鱼病的发生，对于稻田内养殖胡子鲶也是一样的。在盛夏高温季节，建议对田间沟的水每半月换一次，每次换掉 1/5 左右即可。如果稻田长期有微流水，那么养殖效果就更好，也可以在田间沟架设一台水车式增氧机，通过对水流的推动作用形成微流水，效果很好。

2. 及时分养

由于胡子鲶的抢食非常厉害，时间一长就导致个体之间的差异比较大，同一规格的鱼种经过一个月左右的稻田饲养，个体间的差异有可能达到 2~3 倍，因此如果有条件的话，可以将稻田分成若干田块进行养殖，当饲养达到一定规格后，就捞出来上市。

八、 病害防治

胡子鲶的抗病能力非常强，一般很少得病，尤其是在稻田养殖的环境下。但是如田间沟消毒不彻底，水源和饲料中含有病原体，外购来的鱼苗鱼种没有消毒处理，在稻田养殖生产过程中尤其是烤田、施肥过程中不小心弄伤了鱼体，投饲不均及突然改变饲料等，都可引起胡子鲶的细菌性疾病或其他疾病。根据生产实践，在稻田里养殖胡子鲶时，最常见的鱼病有气泡病、肠炎病、车轮虫病、口丝虫病、指环虫病、斜管虫病、三代虫病、黑体病和水霉病等。

九、 捕捞与蓄养

1. 捕捞

当胡子鲶饲养到 9~11 月份时，经过 5~7 个月的稻田生长，规格普遍在 0.75 千克左右时，就可以捕捞上市。捕捞方法多种多样，可以采用钩钓、拉网、网刺等方法，当用这些方法捕捉了80%以上时，再将稻田里的水放走，接着抽干田间沟里的水，胡子鲶基本上全部在田间沟里，可一次性捕捞干净。

2. 蓄养

胡子鲶的肉质细嫩，但是鱼肉有一种污泥异味，许多人不太爱吃就是这个原因。如果直接将从稻田里捕捞上来的胡子鲶投放到市场上，会严重影响到胡子鲶的肉质质量并降低它的食用价值和口感，从而影响它的市场占有率和售价。因此将胡子鲶从田间沟中捕捞上来后必须进行蓄养后方可上市。蓄养方法是将捕捞上来的胡子鲶集中起来，放到清水池中蓄养5～7天，一定要注意在蓄养期间不能停喂饲料，经过几天的蓄养后，可以将它体内的异味物质排出大部分，从而能有效地提高胡子鲶的肉质质量。

第七节 稻田养殖乌鳢

稻田养殖乌鳢，主养亩产乌鳢150～200千克，套养亩产乌鳢10～20千克，是养殖常规鱼效益的3～5倍。

一、 稻田的选择

选择通风向阳、洪涝影响小、水源充足、排灌方便的稻田。

二、 稻田的改造

养殖乌鳢时，也需要对稻田进行适当的改造，主要是做好田间工程的建设。鱼凼深1.2～1.5米，对于长期进行稻田养殖的农户来说，可以用砖、石等材料建成牢固的永久性的鱼凼，鱼凼的面积不宜过大，一般占田面积的4%～5%。同时要在稻田沿田埂内侧挖一条主沟，主沟宽2～2.5米，深0.8米，面积占田面积的3%～5%，主沟与鱼凼相通。主沟的形状依田块形状而定，可挖成"T"字形、"十"字形、"日"字形、"目"字形、"井"字形等形状。稻田按农业生产技术要求起垄栽秧，形成鱼凼、主沟、支沟配套，确保乌鳢在田中自由畅通活动。

三、 防逃设施

由于乌鳢具有辅助呼吸器官，它能在短时间内离开水面活动，因此它的逃跑能力非常强，尤其是在遇到下雨天或在进排水时，更容易集中逃跑，因此在进行稻田改造时，应一并做好防逃设施：一是田埂加固加高到0.8～1米，在稻田的田埂上用钙塑板或钢化玻璃做好防逃设施；二是进出水口用两层拦鱼设施牢固拦置，防止乌鳢跳跃或钻洞逃逸；三是在鱼凼中移植水葫芦或茭白等水生蔬菜，面积不超过鱼凼面积的20%，为乌鳢提供隐藏场所，乌鳢躲藏在这里就不会乱跑乱窜了。

四、 鱼种投放

1. 鱼种质量

选择规格整齐、无病无伤、体质健壮的乌鳢苗种，为了提高稻田养殖的效益和乌鳢苗种的成活率，最好是选择经过驯化摄食人工配合饲料的隔年乌鳢鱼种或当年乌鳢鱼种。隔年鱼种规格为50～150克，当年鱼种规格为10厘米左右。

2. 放养技巧

2～3月份，水温15℃左右，放养隔年鱼种，此时乌鳢苗种可放在鱼凼内。稻田主养乌鳢时，亩放300～350尾的乌鳢苗种，再套养规格为150～250克草鱼、鲤鱼鱼种10～15尾。稻田套养乌鳢时，常规鱼按常规密度放养，规格比乌鳢鱼种大50%以上，每亩套养乌鳢鱼种20～30尾，栽秧前放的隔年鱼种先圈养在鱼凼中，待栽秧20天后，秧苗硬秆时放入大田饲养。隔年鱼种也可在栽秧20天后投放稻田，以免活动力强的乌鳢翻倒嫩稻秧。

当年10厘米左右的乌鳢种一般在5月中旬后投放，主养稻田亩放

400~500尾，套养稻田亩放30~50尾。

鱼种放养时需用3％～5％食盐水浸浴消毒5～10分钟，也可用20克/米³高锰酸钾对苗种消毒15分钟，以杀灭鱼体表的细菌和寄生虫。经消毒后的鱼种一次性放入稻田内。

五、 投饲管理

在养殖面积不大的情况下，可以因地制宜广辟饲料源，动物饲料可用小型绞肉机绞成肉糜，按60％的比例，与35％的植物饲料制成粉，再加3％植物油和2％鱼用微量元素预混料，用少量熟淀粉糊制成团状投喂。也可按40％新鲜动物饲料和60％大口鲶专用粉料喂养，效果也非常好。

在养殖面积较大的情况下，最好使用专用的乌鳢配合饲料。乌鳢经过从小的驯食后，在稻田内能很好地摄食人工配合饲料。用密网或篾席在鱼凼水面下30～50厘米处设置饵料台，面积1～2米²，日投饵率按鱼体重6％～10％的比例投喂，每日投喂2～3次。应根据气温、水温、天气、鱼吃食等情况灵活决定投喂次数和饲料量，7～9月三个月中，天气好，水温高，鱼吃食旺，日投饵率可按鱼体重的10％，每日喂3次。如果冰鲜鱼来源丰富且价格低廉时，可以考虑投喂冰鲜鱼。

套养稻田以常规饲养管理为主，不必投乌鳢料，但田中要放入繁殖力强的鲤鱼、鲫鱼、罗非鱼或野杂鱼时，应不断为乌鳢繁殖饵料鱼。

六、 日常管理

1. 加强巡田，检查防逃设施

每日早、晚加强巡田工作，尤其是雷阵雨、洪水天气，乌鳢特别活跃，要常检查堤埂及拦鱼设施，发现问题及时处理，防止乌鳢逃跑。

2. 科学施肥施药

在稻田养殖乌鳢时，如果发现稻田脱肥，需要及时施肥，施肥技巧和前文是一样的；由于乌鳢喜欢吃动物性饵料，对于稻田内的昆虫是不会放过的，因此稻田里基本上不会有虫害，如果发现禾苗有疾病时，需要及时施药，方法按常规进行，一定要确保乌鳢的安全。

第八节　稻田养殖泥鳅

一、　泥鳅投放的模式

　　成鳅养殖指的是从 5 厘米左右鳅种养成每尾 12 克左右的商品鳅。根据养殖生产的实践，稻田养殖泥鳅时比较好的投放模式有两种，第一种是当年放养苗种当年收获成鳅，就是 4 月份前把体长 4～7 厘米的上年苗养殖到下半年的 10～12 月份收获，这样既有利于泥鳅生长，提高饲料效率，当年能达到上市规格，还能减少由于囤养、运输带来的病害与死亡。规格过大鳅易性成熟，成活率低，规格太小到秋天不容易养殖成大规格商品泥鳅。第二种就是隔年下半年收获，也就是当年 9 月份将体长 3 厘米的泥鳅养到第二年的 7～8 月份收获。不同的养殖模式，它们的放养量和管理也有一定差别。

　　根据养殖效果来看，每年 4 月份正是全国多数地区野生泥鳅上市的旺季，野生泥鳅价格便宜，这时是开展野生泥鳅的收购暂养的黄金时期，也是开展泥鳅苗人工繁殖的好时机。春季繁殖的泥鳅小苗一般养殖到年底就可以达到商品规格，完全可以实现当年投资当年获利的目标。而秋季繁殖的泥鳅小苗，可以在水温降低前育成条长 6 厘米左右的大规格冬品鳅苗，养殖到第二年的夏季就可以达到上市规格，若养到冬季出售，其规格较大，所以在每年 4 月以后就是开展泥鳅苗养殖的最好时候。

　　放养泥鳅的时间、规格、密度等会直接影响到泥鳅养殖的经济效益，由于 4 月份至 5 月上旬，正值泥鳅怀卵时期，这时候捕捞、放养较大规格的泥鳅，往往都已达到性成熟，经不住囤养和运输的折腾而受伤，在放苗后的 15 天内形成性成熟泥鳅的大批量死亡，同时部分性成熟的泥鳅又不容易生长。因此放养时间最好避开泥鳅繁殖季节，可选在 2～3 月份或 6 月中旬后放苗。

二、 放养品种

　　品种好坏直接影响产量。因此，应选择具有生长快、繁殖力强、抗病的泥鳅苗种。鳅鱼最好是来源于泥鳅原种场或从天然水域捕捞，要求体质健壮、无病无伤。

　　如果是自己培育的苗种，可直接使用，如果是从外面购进的苗种，则要对品种进行观察筛选，泥鳅品种以选择黄斑鳅为最好，灰鳅次之，尽量减少青鳅苗的投放量。另外在放养时最好注意苗种供应商的泥鳅苗来源，以人工网具捕捉的为好，杜绝电捕和药捕苗的放养。

三、 鳅种质量

　　放养的夏花要求规格整齐、体质健壮、无病无畸形，体长 3 厘米以上。如果是外购泥鳅，夏花应经检疫合格后方可入池。

　　如果是自己培育的夏花鳅种，也要在放养前进行拉网检查，判断它的活力和质量。其具体做法是，先用夏花渔网将泥鳅捕起集中到网箱中，再用泥鳅筛进行筛选，泥鳅筛长和宽均为 40 厘米，高 15 厘米，底部用硬木作栅条，四周以杉木板围成。栅条长 40 厘米、宽 1 厘米、高 2.5 厘米。也可用一定规格的网片做成，网片应选择柔软的材料加工。在操作时手脚要轻巧，避免伤苗。发觉鳅苗体质较差时，应立即放回强化饲养 2～3 天后再起捕。如果质量较好，活力很强，就可以准备放养。

　　如果是外来购进的鳅种，则更要进行质量检验了，检验的方法有两种。第一种方法是将鳅种放在鱼桶中或水盆中，加入本塘的水，然后用手掌在里面轻轻用力搅动水流，使盆里的水成旋涡状，这时进行观察，如果绝大部分鳅种能在旋涡边缘溯水游动且动作敏捷，就是优质鳅种；如果绝大部分鳅种被卷入旋涡中央部位，随波逐流，游动无力的就是弱种或劣质鳅种，这时不要购买。第二种方法是将待选购的鳅种捞取一部分，放在白瓷盆中，盆中仅仅放 1 厘米左右的水，看鳅种在盆底的挣扎程度：如果扭动剧烈，头尾弯曲厉害，有时甚至能跳跃的，为优质苗；如果它们贴在盆边或盆底，挣扎力度弱或仅以头、尾略扭动者，为劣质苗，这时也不宜选购。

在放养时一定要注意，同一池中的鳅种，它们的规格要整齐一致。

四、 放养时间

不同的养殖方式，放养鳅种的时间也有一定差别，如果是稻鳅轮作的养殖方式，则应在早稻收割后，及时施入腐熟的有机肥，然后蓄水，放养鳅种。如果是稻鳅兼作的养殖方式，在放养时间上要求做到"早插秧，早放养"，单季稻放养时间宜在初次耘田后，双季稻放养时间宜在晚稻插秧一周左右当秧苗返青成活后。

五、 放养密度

待田水转肥后即可投放鳅种，泥鳅苗种的放养密度除了取决于苗种本身的来源和规格外，还取决于稻田的环境条件、饵料来源、水源条件、饲养管理技术等。总之，要根据当地实际，因地制宜，灵活机动地投放泥鳅苗种。在稻田中养泥鳅一般是当年放养，当年收获，若规格为 6 厘米，放养量为每亩放养 4 万尾；体长 3 厘米左右的鱼种，在水深 40 厘米的稻田中每亩放养 3 万尾左右，水深 60 厘米左右时可增加到 5 万尾左右，有流水条件及技术力量好的可适当增加放养量。要注意的是，同一稻田中放养的鳅种要求规格均匀整齐，大小差距不能太大，以免大鳅吃小鳅。具体放养量要根据稻田和水质条件、饲养管理水平、计划上市规格等因素灵活掌握。

稻田内幼苗的放养量可用下式进行计算：

幼鳅放养量（尾）＝养鳅稻田面积（亩）×计划亩产量（千克/亩）×预计上市规格（尾/千克）/预计成活率（％）

其中，计划亩产量，是根据往年已达到的亩产量，结合当年养殖条件和采取的措施，预计可达到的亩产量；预计成活率，一般可取 70％计算；预计上市规格，根据市场的要求而确定适宜的规格。计算出来的数据可取整数放养。

六、 放养时的处理

鳅种放养前用 3%～5% 的食盐水消毒，以降低水霉病的发生概率，浸洗时间为 5～10 分钟；用 1% 的聚维酮碘溶液浸浴 5～10 分钟，杀灭其体表的病原体；也可用 8～10 毫克/升的漂白粉溶液进行鱼种消毒，当水温在 10～15℃ 时浸洗时间为 20～30 分钟，杀灭泥鳅鱼种体表的病原菌，增加其抗病能力；还可以用 5 毫克/升的福尔马林药浴 5 分钟，杀灭水霉菌及体表寄生虫，防止鳅苗带病入田。

一般情况下，养殖泥鳅的稻田最好不要同时混养其他鱼类。

七、 科学投饵

稻田人工养殖泥鳅在粗养时，也就是放养量很少的情况下，稻田里的天然饵料已经能满足其正常需求了，此时不需要投喂，如果是放养量比较大时，还是需要人工投喂饲料的，以补充天然饵料的不足，促进成鳅生长。

1. 饵料选择

泥鳅的食性很广，泥鳅苗种投放后，除施肥培肥水质外，应投喂人工饲料，饲料可因地制宜，除人工配合料外，成鳅养殖还可以充分利用鲜、活动植物饵料，如蚯蚓、蝇蛆、螺肉、贝肉、野杂鱼肉、动物内脏、蚕蛹、畜禽血、鱼粉和谷类、米糠、麦麸、次粉、豆饼、豆渣、饼粕、熟甘薯、食品加工废弃物、蔬菜茎叶等。泥鳅对动物性饵料特别喜爱，尤其是破碎的鱼肉，因此给泥鳅投喂的饵料以动物性饵料为主，有条件的地方可投喂配合浮性颗粒饲料。在这些饲料中，以蚯蚓、蝇蛆为最适口饲料。还可以在稻田中装 30～40 瓦的黑光灯或日光灯引诱昆虫喂泥鳅。

2. 投饵量

在生产中，许多养殖户注意到一个现象，那就是在泥鳅摄食旺季，不让泥鳅吃得太多，如果连续 1 周投喂单一高蛋白质饲料，例如鱼肉，由于泥鳅贪食，吃得太多会引起肠道过度充塞，就会导致泥鳅在田间沟中集群，并影响肠呼吸，使其大量死亡，因此应注意将高蛋白质饲料和纤维质饲料配合投喂。为了防止泥鳅过度待在食场贪食，可以采取多设一些食台，并将其均匀分布的办法。

另外，泥鳅对饵料的选择和食欲还与水温有一定的关系，当水温在 20℃ 以下时，以投喂植物性饵料为主，占 60%～70%；水温在 21～23℃ 时，动、植物饵料各占 50%；当水温超过 24℃ 时，植物性饵料应减少到 30%～40%。

3. 投饵方式

投喂人工配合饲料，一般每天上、下午各喂 1 次，投饵应视水质、天气、摄食情况灵活掌握，以次日凌晨不见剩食或略见剩食为度。在泥鳅进入稻田后，先饥饿 2～3 天再投饵，投喂饲料要坚持"四定"的原则。

（1）定点　开始投喂时，将饵料撒在鱼沟和田面上，以后逐渐缩小范围，将饵料主要定点投放在田内的沟、溜内，每亩田可设投饵点 5～6 处，使泥鳅形成条件反射，集群摄食。

（2）定时　因为泥鳅有昼伏夜出的特点，所以投饵时间最好掌握在下午 5～6 时左右，投喂时可将饲料加水捏成团投喂。

（3）定量　投喂时一定要根据天气、水温及残饵的多少灵活掌握投饵量，一般投饵量为泥鳅总体重的 2%～4%。鳅种放养第一周先不用投饵。一周后，每隔 3～4 天喂一次。如投喂太多，则会胀死泥鳅，污染水质；投喂太少，则会影响泥鳅的生长。当气温低、气压低时少投；天气晴好，气温高时多投，以第二天早上不留残饵为准。7～8 月是泥鳅生长的旺季，要求日投饵 2 次，投饵率为 10%。10 月下旬以后由于温度下降，泥鳅基本不摄食，应停止投饵。

（4）定质　饵料以动物性蛋白质饲料为主，力求新鲜不霉变。小规模养殖时，可以采取培育蚯蚓、豆腐渣育虫、利用稻田光热资源培育枝角类等活饵喂泥鳅。

稻田还可就地收集和培养活饵料，例如可采取沤肥育蛆的方法来解决部分饵料，效果很好。用塑料大盆 2～3 个，盛装人粪、熟猪血等，置于稻田中，会有苍蝇产卵，蝇蛆长大后会爬出落入水中供泥鳅食用。

八、 防逃

泥鳅善逃，当拦鱼设备破损、田埂坍塌或有小洞裂缝外通、汛期或下暴雨发生溢水时，泥鳅就会随水或钻洞逃逸。特别是大雨涨水时，往往在一夜之间逃走一半甚至更多。因此日常管理中重点是防逃，做好防逃的措施主要是做好以下几点工作：

一是在清整稻田时，要同时清除田埂上的杂草，夯实和加固加高田埂，查看田埂是否有小洞或裂缝外通，如有则应及时封堵。

二是在汛期或下暴雨时，要主动将部分田水排出，以确保稻田不被迅速淹没或发生漫田现象，同时整理并加固田埂，及时堵塞漏洞，疏通进排水口及渠道，避免发生溢水逃鱼。

三是加强进排水口的管理，检查进排水口的拦鱼设备是否损坏，一旦有破损，就要及时修复或更换，在进水口常常会有新鲜水流入稻田中，泥鳅就会逆水流逃跑，因此要防止泥鳅从这里逃跑。

四是在饲养泥鳅的稻田四周安装防逃网，防逃网要求有 30 厘米以上的高度，网下沿要扎入泥土中，以免漫水时泥鳅逃逸。

九、 疾病防治

泥鳅发病多是因为日常管理和操作不当而引起，而且一旦发病，治疗起来也很困难，因此，对泥鳅的疾病应以预防为主。

① 泥鳅的饲养环境要选择好，适于泥鳅的生长发育，减少应激反应。

② 要选择体质健壮、活动强烈、体表光滑、无病无伤的苗种。

③ 在鳅苗下田前进行严格的鱼体消毒，杀灭鱼体上的病菌。

④ 投放合理的放养密度，放养密度太稀，则造成水面资源的浪费；放养密度太密，又容易导致泥鳅缺氧和生病。

⑤ 定期加注新水，改善稻田里的水质，增加田间沟里的水体溶氧，调节水温，减少疾病的发生。

⑥ 加强饲料管理工作，观察泥鳅的摄食、活动和病害发生情况，对腐臭变质的饲料绝不能投喂，否则，泥鳅易发生肠炎等疾病，同时要及时清扫食场、捞除剩饵。

⑦ 在饲养过程中，定期用药物全田泼洒消毒、调节水质，杀灭田中的致病菌，可用1‰的聚维酮碘全田泼洒。

⑧ 定期投喂药饵，并结合用硫酸铜和硫酸亚铁合剂进行食台挂篓、挂袋，增强稻田中泥鳅的抗病力，防止疾病的发生和蔓延。

⑨ 捕捞运输过程中规范操作，避免因人为原因而使鳅体受伤感染，引发疾病。

⑩ 定期检查泥鳅的生长情况，避免发生营养性疾病。

⑪加强每天巡田，要注意观察，如果发现田中有病鳅死鳅要及时捞出，查明发病死亡的原因，及时采取治疗措施，对病鳅和死鳅要在远离饲养场所的地方，采取焚烧或深埋的方法进行处理，避免病源扩散。

十、 预防敌害生物

泥鳅个体小，容易被敌害生物猎食，从而影响泥鳅的饲养效果。在饲养期间，要注意杀灭和驱赶敌害生物如蛇、蛙、水蜈蚣、红娘华、鸥鸟、鸭子等。泥鳅的敌害生物种类很多，如鲶鱼、乌鳢等凶猛肉食性鱼类以及其他与泥鳅争食的生物如鲤鱼、鲫鱼、蝌蚪等。

预防敌害生物的方法是：在鳅苗下田前用生石灰彻底清塘，杀灭稻田中的敌害和肉食性鱼类；在进水口处加设拦鱼网，防止凶猛肉食性鱼类和卵进入养鳅的稻田里；对于已经存在的大型凶猛性鱼类，要想办法清除；禽鸟可采用药和枪杀的办法清除；驱赶田边的家畜，防止鸭子等进入稻田内伤害泥鳅。

值得注意的是，由于青蛙是益虫，应从保护生态的角度出发进行预防，稻田中有蝌蚪及蛙卵时，千万不要用药物毒杀或捞出干置，应用手抄网将蛙卵或集群的蝌蚪轻轻捞出，投放到其他天然水域中。

十一、 捕捞

一般泥鳅饲养8～10个月可以捕获，此时每尾体长达15厘米左右，体重达10～15克，已经达到商品规格。泥鳅的起捕方式很多，在后文中将作相应的阐述。例如用须笼捕泥鳅效果较好，一块稻田中多放几个须笼，笼内放入适量炒过的米糠，须笼放在投饵场附近或荫蔽处捕获量较高，起捕率可达 80％ 以上，当大部分泥鳅捕完后可外套张网放水捕捉。

第九节　稻田养殖黄鳝

　　利用稻田养殖黄鳝，成本低，管理容易，既增产稻谷，又增产黄鳝，是农民致富的措施之一。

　　稻田养殖黄鳝是利用一季中稻田实行种植与养殖相结合的一种新的养殖模式。稻田养殖黄鳝，可以充分利用稻田的空间、温度、水源及饵料优势，促进稻鳝共生互利、丰稻增鳝，大大提高稻田综合经济效益。掌握科学的饲养方法平均每亩可产商品黄鳝 30～40 千克，产值增加 800～1200 多元。规格为 15～20 条/千克的优质黄鳝种苗经饲养 4～6 月，即可长至 100～150 克。一方面，稻田为黄鳝提供良好的生活环境，黄鳝在稻田中生活，能充分利用稻田中的多种生物饵料，包括水蚯蚓、枝角类、紫背浮萍以及部分稻田害虫；另一方面，黄鳝的排泄物对水稻的生长起追肥作用，可以减少农户对稻田的农药、肥料的投入，降低成本。

一、稻田的选择

　　选择通风、透光、地势低洼、水源充足、进排水方便、耕作土层浅、底土结实肥沃、土壤保水保肥性能良好的中稻田，能确保天旱不干涸、洪涝不泛滥，面积以不超过 5 亩为宜。

二、做好田间工程

　　一是在秧苗移栽前将田块四周加高，达到不渗水漏水，使其高出田基 20～30 厘米；二是在田块四周内外挖一套围沟，其宽 5 米，深 1 米；三是在田内开挖多条"弓"或"田"字形水沟，宽 50 厘米，深 30 厘米，并与四周环沟相通，以利于高温季节黄鳝打洞、栖息，所有沟、溜必须相通，水沟占稻田面积的 20％ 左右。

轻轻松松稻田养鱼蛙虾蟹

三、 栽种水草

水草在黄鳝幼体培育中，起着十分重要的作用，具体表现在：模拟生态环境、提供鳝苗部分食物、净化水质、提供氧气、为鳝苗提供隐蔽栖息场所、在夏季高温时可以为鳝苗遮阴、提供摄食场所和起到防病作用。

在田间沟里可以栽种的水草通常有聚草、苲草、水花生、水葫芦等水生植物，栽种水草的方法是，将水草根部集中在一头，一手拿一小撮水草，另一手拿铁锹挖一小坑，将水草植入，每株间的行距为 20 厘米，株距为 15～20 厘米，水草面积占沟内总面积的 30％～40％。

四、 做好防逃措施

在稻田养殖黄鳝的过程中，如果措施不力也会发生黄鳝大量逃跑的事件，从而给稻田养殖带来影响。根据生产实践中的经验来看，黄鳝逃跑的主要途径有：一是连续下雨，稻田水位上涨，黄鳝随溢水外逃；二是排水孔拦鳝设备损坏，黄鳝从中潜逃；三是从田埂的裂缝或打的洞逃遁。

因此防逃措施重点要做好以下几点工作：一是搞好进排水系统，并在进排水口处安装坚固的拦鳝设施，用密眼铁丝网罩好，以防逃鳝。二是稻田四周最好构筑 50 厘米左右的防逃设施，可以考虑用水泥板 70 厘米×40 厘米，衔接围砌，水泥板与地面呈 90°角，下部插入泥土中 20 厘米左右。如果是粗养，只需加高加宽田埂注意防逃即可。三是简易防逃设施的建造方法，将稻田田埂加宽至 1 米，高出水面 0.5 米以上，在硬壁及田边底交接处用油毡纸铺垫，上压泥土，与田土连成一片。这种设施造价低，防逃效果好。四是由田埂四周内侧深埋（直到硬土层下 5 厘米）石棉瓦或硬塑薄膜，出土 40 厘米，围成向内略倾斜的围墙。

五、 肥料的施用

稻田养殖黄鳝采取"以基肥为主，追肥为辅；以有机肥为主，无机肥为辅"的施肥原则。基肥以有机肥为主，于平田前施入，按稻田常用量施入农家肥，追肥以无机肥为主，禾苗返青后至中耕前追施尿素和钾肥 1

次，每平方米田块用量为尿素 3 克，钾肥 7 克。抽穗开花前追施人畜粪 1 次，每平方米用量为猪粪 1 千克，人粪 0.5 千克。为避免稻苗疯长和烧苗，人畜粪的有形成分主要施于围沟靠田埂边及溜、沟中，并使之与沟底淤泥混合。身苗的移栽适期为 6 月中旬，一般在身苗移栽 1 周，田内水质稳定后即可投放鳝种。

六、 种苗来源

种苗尽可能是自己或委托别人用鳝笼捕捞的，对于每一批投放的鳝苗一定要保证是鳝笼刚刚捕捞的野生苗，包括到市场上收购的，更要保证做到鳝苗无病无伤。电捕和毒捕的坚决不能作为鳝种投放。

1. 从市场上采购黄鳝苗种

（1）采购途径和方法　从市场上采购鳝苗鳝种，途径一般有三条：①到农贸市场或水产品批发市场随机采购；②到固定的熟悉的商贩手中采购；③到固定的黄鳝养殖场进行采购。

这三种方法第一种质量得不到保证，通常会有电捕鳝、药捕鳝、钩钓鳝在里面，往往会发生购回家就发生大量死亡的现象。另外由于乡镇农贸市场黄鳝收购一般都有垄断性，因而有压价及半路拦购的现象。第三种方法价格往往会很高，但是质量和规格都能得到保证。第二种方法很适合普通养殖者，当直接从捕鳝者或收购商手上收购时，一定要向他们说明意图，要求其在存放时采取措施，尽可能防止苗种发烧。在和收购商谈好转买价格，给出相对优惠的价格后，对前来交售黄鳝的农户一家一家地查看，将认为合格的黄鳝收来养殖，一般质量也比较可靠。

如果自己在当地有一定人脉，可以尝试在收购之前自己去联系捕鳝的农户，要求它们将鳝苗必须好好保管。保管方法是：捕鳝者每次都必须用桶装鳝，在桶里放一些湖水或者沟水、池塘水，水适量少些没关系，捕鳝者带水把黄鳝拿回家之后也必须用湖水或池塘水储存，等待上门收购。由于增加了劳动强度，给出的价格会稍高一些。尽量多联系一些，上午统一收购回来，运回时必须带水运输，不需要太多的水，每一个网箱都要一次放满。自己收购虽然麻烦一些，但效果很好，成活率也很高，价格比从小贩那儿收购要便宜些。

在收购时要注意三点要求：一是商贩必须每天早上亲自上捕捉黄鳝的农户家中把当天早上的黄鳝苗收回。二是在运输和储存的过程中必须用湖水或河水，绝对不能用井水、泉水或自来水，最重要的是注意温差，应不超过3℃，以免黄鳝感冒。运输过程中尽量多带水，不能不带水运输，以免黄鳝发烧。三是起捕或储存时间过长的坚决不要。

（2）采购的质量和品种要求　在购买鳝种时，要选择健壮无伤的、一直处于换水暂养状态的笼捕和手捕黄鳝种苗作为饲养对象，切忌使用钩钓来的幼鳝作鳝种，这种黄鳝咽喉部有内伤或体表有严重损伤，易生水霉病，有的不吃食，成活率低，均不能用作鳝种。腮边出现红色充血或泛黑色，体色发白无光泽、瘦弱的也不能用作鳝种。凡是受到农药侵害的黄鳝和药捕的黄鳝都不能作种苗放养，这些黄鳝一般全身乏力，缺少活力。将欲收购的黄鳝倒入水中，看其是否活跃，对在水中反应迟钝、打桩的黄鳝不要收购。

一般可以将黄鳝品种分为三种：第一种叫深黄大斑鳝，它的个体肥壮，体色微黄或橙黄，体背多为黄褐色，腹部灰白色，身上有不规则的黑色大小斑点，大斑从体前端至后端在背部和两侧连接成数条斑线，这种鳝种性情温驯，生长速度快，最大个体体长可达70厘米，体重1.5千克左右，每千克鳝种生产成鳝的增肉倍数是1：（5～6），非常适合人工养殖；第二种，体色青黄，这种鳝种生长一般，每千克鳝种生产成鳝的增肉倍数是1：（3～4）；第三种，体色灰，斑点细密，这种鳝种则生长不快，每千克鳝种生产成鳝的增肉倍数是1：（1～2）。因此，从养殖效益来看，我们在选择养殖品种时，还是要选择第一种。其他的几种黄鳝生长速度慢，只适宜暂养获得季节差价。

（3）在大规模养殖场中购买鳝种时的技巧　在一些提供苗种的养殖场，都会有一些高密度临时存放黄鳝的池子，我们就可以通过在池子里观察黄鳝的活力和反应来判断黄鳝的优劣。

首先看看黄鳝的反应，一般质量较好的黄鳝在水池内，会全部迅速游开并躲到水草下或钻入泥中，很少会有黄鳝在没有水草的水体中停留，如果发现黄鳝长时间伸头出水且向上一动不动的（也称"打桩"），这样的黄鳝一般均为病鳝，应予以剔出。伸头出水较多的，则全部不要。

其次是看黄鳝的集群反应，对于一池子的黄鳝来说，大部分黄鳝是喜欢在一起的，如果发现有极少数几条的黄鳝待在一边，那就说明可能有毛病，是不适宜选购的。

再次是看黄鳝在池壁和草丛中的反应，如果黄鳝在池子边或水草上不断地用身体在摩擦，爬到水草面上烦躁不安的，在池内翻滚的，肚子朝上的，那就说明这池子的黄鳝可能有寄生虫感染，或者是其他的疾病，也是不宜选购的。

最后就是看黄鳝的摄食欲望，让鳝池保持微流水，投入切碎的蚯蚓、猪肝、河蚌肉、鱼肉等（有蝇蛆的也可采用经烫死的鲜蛆），如果黄鳝的摄食欲望很强烈，则说明是优质黄鳝，否则很可能是患病的，也是不能选购的。

2. 直接从野外捕捉野生黄鳝种苗

人工繁育苗质量稳定，但目前极少，难以满足人工养殖的需要，而通过捕捞天然鳝苗进行苗种培育是非常不错的选择，也具有较高的经济价值，能节约成本，减少生产开支，是容易在广大农村推广的方法之一。在自然水域中，野生黄鳝种苗的采集方法也有多种，效果都非常不错，主要有笼捕、电捕、针钓、药捕、针叉和徒手捕捉等，其中只有笼捕苗种成活率高，而另外几种方式所得苗种成活率低。

（1）灯光照捕　就是在春夏之间的晚上点上柴油灯照明，也可用电灯，沿田埂渠沟边巡视，一旦发现有出来觅食的黄鳝，就立即用灯光照射，这时黄鳝就会一动不动，可用捕鳝夹捕捉或徒手捕捉。在捕捉时，要注意保护鳝体的安全，尽可能不损伤黄鳝的身体，捕到的黄鳝苗应该马上放养。

（2）用鳝笼捕捉　在春天末期，气温回升到 15℃ 以上时，在土层越冬的鳝种苗纷纷出洞觅食，这时是捕捉鳝种的最好时期，这个阶段的野生鳝种苗既可在湖泊河沟捕捞，也可利用春耕之际在水田内捕捞。其他季节可利用黄鳝夜间觅食的习性来捕捉。捕苗方法以鳝笼诱捕和手捉为好。每年 4～10 月，可以在稻田和浅水沟渠中用鳝笼捕捉，特别是闷热天或雷雨后，出来活动的黄鳝最多，晚间多于白天。可于晚上 9～10 时或者雷雨过后，将鳝笼放在田间水沟里经常有黄鳝活动的地方，几个小时以后将鳝笼收回，就可以捕捉到黄鳝。用鳝笼捕捉黄鳝时，要注意两点：一是最好用蚯蚓作诱饵，每只笼子一晚上取鳝苗一次；二是捕鳝笼放入水中的时候，一定要将笼尾稍稍露出水面，以便使黄鳝在笼子中呼吸空气，否则会被闷死或患缺氧症。黎明时将鳝笼收回，将个体大的黄鳝种苗出售，小的留作鳝种。用这种方法捕到的黄鳝种苗，体健无伤，饲养成活率高。

（3）用三角抄网在河道或湖泊生长水花生的地方抄捕　在长江中游地区，每年5～9月是黄鳝的繁殖季节。此时，自然界中的亲鳝在水田、水沟等环境中产卵。刚孵出的鳝苗体为黑色，其有相对聚集成团的习性。每年6月下旬至7月上旬在有鳝苗孵出的水池、水沟中放养水葫芦引诱鳝苗，捞苗前先在地面铺一密网布，用捞海将水葫芦捕到网布上，使藏于水葫芦根须中的鳝苗自行钻出到网布上。

（4）食饵诱捕　在每年的6月中旬，利用鳝喜食水蚯蚓的特性，在池塘水池靠岸处建一些小土埂，土埂由一半土、一半粪（马粪、牛粪、猪粪）拌和而成，在水中做成块状分布的肥水区，这样便会长出很多水蚯蚓，自然繁殖的鳝苗会钻入土埂中吃水蚯蚓，这时可用筛绢小捞海捞取鳝苗，放入幼鳝培育池中培育。

（5）在黄鳝经常出没的水沟中放养水葫芦　6月下旬至7月上旬就可收集野生鳝苗。其方法是：先在地上铺一塑料密网布，用捞海把水葫芦捞至网布上，原来藏于水葫芦根中的鳝苗会自动钻来，落在网布上。收集到的野生鳝苗可放入鳝苗池中培育。

在这里必须强调的一点就是，应在每天上午将当天捕捉的黄鳝收购回来，途中时间不得超过4小时。收购时，容器盛水至2/3处，内置0.5千克聚乙烯网片。鳝苗运回后，立即彻底换水，所换水的比例达1∶4以上。浸洗过程中，剔除受伤和体质衰弱的鳝苗。1小时后，对黄鳝进行分选，按不同的规格大小放入不同的鳝池。整个操作过程，水的更换应避免温差过大，水温高低相差应控制在2℃以内。

3. 利用人工养殖的成鳝自然孵苗

这种方法获得的鳝苗，有成熟率高、对环境适应性强和群众易接受等特点。

（1）选择亲鳝　每年秋末，当水温降至15℃以下时，从人工养成的黄鳝中，选择体色黄、斑纹大和体质壮的个体移入亲鳝池中越冬，一般选择平均体长36～40厘米、体重100克左右的黄鳝。

（2）越冬管理 为了确保黄鳝的亲鳝在来年能更好地繁殖幼鳝，一定要做好越冬管理工作，在越冬期间要注意尽可能自然越冬，不要刻意地人为加温并投喂饵料，否则对亲鳝的性腺发育是不利的。当然也不要冻伤亲鳝，越冬土层至少要保证30厘米以上，在天寒时还要在最上面覆盖一层稻草来保温。

（3）亲鳝的培育 第二年春天，当水温升至10℃以上时，就可以在中午少量投喂黄鳝爱吃的动物性饵料，当水温达到15℃以上时，则要加强投喂，多投活饵，并密切注视其繁殖活动情况，并在中午时适当冲水刺激，以利黄鳝的性腺发育。

（4）密切注意亲鳝的发育 5月中旬亲鳝开始产卵，一旦发现鳝苗后及时捞取并进行人工培育。刚孵出的鳝苗往往集中在一起呈一团黑色，此时，护幼的雄鳝会张口将仔鳝吞入口腔内，头伸出水面，移至清水处继续护幼。寻找仔鳝时，要耐心仔细，一旦发现仔鳝因水质恶化绞成团时，应及时用捞海捞出，放入盛有亲鳝池池水的桶中，如果发现不及时，第二天仔鳝往往就钻入泥中，难以捕起。

4. 捞取天然受精卵来繁殖

对于农村养鳝户来说，黄鳝的人工繁殖有一定的操作技术难度，单纯依靠人工繁殖来获得黄鳝苗种不是十分保险。所以，在黄鳝自然繁殖季节从野外直接捞取受精卵，再进行人工集中孵化，这种方法的成本较低，而且获得鳝苗的数量较多。首先是在5～9月间，于稻田、池塘、水田、沟渠、沼泽、湖泊、浅滩、杂草丛生的水域及成鳝养殖池内，寻找黄鳝的天然产卵场，这种产卵场是有特点的，可以寻找到，黄鳝受精卵的孵化巢是浮在水面上的泡沫团状物，当发现产卵场后，应立即进行捕捞，用布捞海、勺、瓢或桶等工具将卵连同泡沫巢一同轻轻捞取起来，暂时放入预先消毒过的盛水容器，然后放入水温为25～30℃的水体内孵化，以获得鳝苗。

5. 人工繁殖获得鳝苗

这种方法就是指用人工催情繁殖而获得鳝苗。其特点是能获得批量的苗，质量也有所保证。但缺点是操作上技术要求较高，操作程序也较为复杂，对于一般从事稻田养殖的农户来说，并不适宜，因此本书不再作重点介绍。

七、 苗种质量的鉴别

不论何种来源，都应注意对苗种进行质量鉴定，质量不佳的黄鳝苗种放养后，死亡潜伏期在 3～30 天，死亡率最高的可达 90％以上。众多养殖失败的案例中，因苗种质量不佳造成的占 80％左右。因此在放养鳝种前需要对黄鳝苗种做质量上的检查，以确保为以后成鳝养殖提供质量更好的大规格鳝种。检查鳝苗的质量可以从以下几个方面入手：

1. 看鳝种的体表

如果黄鳝的头部、肛门或者体表的任何部分出现肿胀、发红、充血等症状，则说明这批苗种在培育、储存、运输过程中有处理不当的地方，不能继续培育。如果幼鳝体表有明显红色带血块状腐烂病灶，则为腐皮病；尾部发白呈絮状绒毛，为水霉病；头大体细，甚至呈僵硬状卷曲、颤抖，为体内寄生虫病；肛门红肿发炎突出，为肠炎病。凡带有这类疾病的鳝种，挑选时应予以剔除。

2. 看鳝种的伤势

如果鳝种身体任何地方受伤尤其头部受到损伤，以口中常伴有针眼、头部皮肤擦伤、腹部皮肤磨伤、身体有针叉眼等常见，则尽量把受伤的剔除，不能放在一起进行下阶段的培育。对于腹部皮肤磨伤的幼鳝，如果腹部不朝上则较难发现，应注意检查。如将黄鳝倒入 3％～5％的食盐水中，受伤个体会立即蹿跳起来，这类鳝也在淘汰之列（但也有部分特别敏感的健康鳝会蹿跳，应检查外表，仔细辨别）。

3. 看鳝种的动作

先把从鳝苗池里捞出的部分黄鳝苗种放进水中，水深以浸没黄鳝超过 10 厘米以上为好，游姿正常，稍遇响声或干扰，黄鳝会因突然受惊抖动而全部沉入水中，即使偶尔伸头呼气也会马上沉下去，说明黄鳝敏感健康。那些"浮头"、肚皮朝上的属不健康个体，应予以剔除。

4. 用手抓来判断鳝种的质量

健康的黄鳝活泼好动，用手不容易抓住，在水中只能看见倒立的尾巴，头部都相互交错地埋藏在水的最深处，并有较大的挣逃力量，即把黄鳝放在水里只看见尾巴，看不见头。如果黄鳝长时间把头伸出水面，或者浑身瘫软，一抓一大把，则很可能是不健康的黄鳝，若只有部分黄鳝有不健康的症状，则应尽量把行为异常的剔除掉，这样可以保证下阶段的培育成活率。

5. 看黄鳝的体表黏液

如果鳝苗是病伤和中毒的黄鳝，那么它们全身或局部黏液就会减少或脱落，用手抓它们时无光滑感或光滑感不强，或提起黄鳝时黏液明显脱落，这类黄鳝不宜选作鳝苗养殖，原因在于黄鳝一旦失去起屏障作用的黏液就不能存活。

这几年黄鳝养殖的发展速度很快，而种苗就明显显现出供应不足的局面。这也就给不法之徒有了可乘之机，他们精心编造了一些谎言来诱骗养殖者上当，谎称可以面向全国提供"人工繁殖""特大鳝""泰国鳝""日本鳝"等，并称这种黄鳝"生长快、易饲养""从孵化到长到 1 千克，只要 7 个月"，其实这些人都是苗种炒卖者，实际上都是收集的天然野生苗，是这些骗子们骗得客户交了引种款后，再派人从市场上购买本地价格低廉的商品小黄鳝。同时因这种鳝苗暂养时间长和贩运环节多，常因操作不当，造成鳝苗病伤严重，养殖户往往运回后，养殖不到一个月死亡率达 90%～100%，永远也看不到快速增长的盛况，因此在此强烈呼吁购苗种者应慎重考查，切勿轻信上当。

八、 种苗放养

鳝种的投放时间集中在 4 月中下旬，一次性放足。鳝种的投放要求规格大而整齐、体质健壮、无病无伤。由于野生黄鳝驯养较难，最好选择人工培育的优良鳝种，如深黄大斑鳝等。鳝种的投放要力争在 1 周内完成。稻田放养的黄鳝规格以 5～30 厘米为好，放养密度一般为每亩 500 尾，如果饵源充足、水质条件好、养殖技术强，可以增加到 700 尾。放苗期间应该多关注天气情况，放苗必须选择连续晴天的第二天。鳝种在放养时一定要轻拿轻放，同池养的鳝种规格大小要一致，黄鳝的苗种只要放入另一水体，就要消毒。鳝种入田前用3％～5％的食盐水浸泡10～15分钟，消毒体表；或用高锰酸钾每立方米水体10～20克，浸泡5～10分钟；或用聚维酮碘（含有效碘1％）每立方米水体用20～30克，浸泡10～20分钟；或用四烷基季铵盐络合碘（季铵盐含量50％）每立方米水体用0.1～0.2克，浸泡30～60分钟；或用5毫克/升的福尔马林药浴5分钟，杀灭水霉菌及体表寄生虫，防止鳝苗带病入田。

由于黄鳝有自相残食的习性，一般每个养殖单位最少要有三块独立的鳝池（稻田），把不同规格的鳝种分开饲养，根据鳝种的不同规格，一般放养量在1～2千克/米²，小的少放，大的可适当放多些，放养时间可在栽秧前，也可在栽秧后，最好能在栽秧前放入，但栽秧时一定要尽量避免对鳝种造成一些不必要的机械损伤和化肥农药中毒。

九、 放养少量泥鳅

泥鳅活泼好动，在稻田养殖黄鳝时放养少量泥鳅，对增加田间沟里的水中溶氧、防止黄鳝相互缠绕和清理黄鳝饲料能起到一定的作用。但是由于泥鳅抢食快而黄鳝吃食较慢等原因，鳝鳅混养时要注意以下几点：一是泥鳅的快速抢食会给黄鳝的正常驯食带来困难，造成驯食不成功，因此在投喂时可以先让泥鳅吃饱，然后再喂黄鳝；二是泥鳅投放时的规格一定要小，数量要少，达到目的就可以了，如果泥鳅规格大，不但会和黄鳝争食，还可能会以大欺小甚至撕咬、吞食更小的鳝种。

十、 野生黄鳝苗种的驯养

1. 驯养的意义

野生苗种是许多黄鳝养殖户在人工繁殖苗种不足以进行养殖时而采取的一个重要的补充来源，它具有野性十足、摄食旺盛、抗病力强的优点，尤其是喜欢捕食天然水域中的活饵料。由于野生鳝种苗不适应人工饲养的环境，一般不肯吃人工投喂的饲料，必须经过一段驯饲过程，否则会导致养殖失败。小规模低密度养殖时，可以通过投喂蚯蚓、小杂鱼、河蚌、螺类、昆虫等新鲜活饵料来达到养殖目的，不需要过多地进行驯养。但是在进行大规模人工养殖时，再用一些小杂鱼、河蚌等饵料来投喂，显然就有明显的弊病，如饵料难以长期稳定供应、饵料系数高等。因此必须对它们进行人工驯养，让其适应黄鳝专用的人工配合饲料，从而达到大规模养殖的目的。这些专用饲料，具有摄食率高、增重快、饵料系数低等优点。

2. 驯养前的准备工作

驯养前的准备工作主要是饲料的准备以及为饲料服务的配套设施的准备。收购的鲜活河蚌，可置于池塘暂养储存，由于河蚌的出肉率高、野生黄鳝爱吃，所以可以被用来作为驯饵的主要饲料；另外就是黄鳝专用配合饵料，这是在黄鳝经驯饵成功后的主要饲料，也是后期黄鳝生长的保证；其他相应的配套设施还有冷柜、绞肉机和电机等。其中冷柜是用来处理和储存蚌肉的，河蚌肉使用前，先进行冷冻处理，这样便于绞肉机的工作，对于已经绞好的蚌肉，如果一时用不完，也可以用冷柜进行保存。而绞肉机和 1 台 1.5 千瓦单相电机则是为了服务绞肉的。

3. 驯饵的配制

在野生鳝苗捕捉入池后，前 1～2 天内先不投饲，之后将池水排干，加入新水，待鳝处于饥饿状态，即可在晚上进行引食。一般在鳝苗入池的第三天就应开始进行驯食，先用黄鳝爱吃的动物性饵料投喂，可选用新鲜蚯蚓、螺蚌肉、蚕蛹、蝇蛆、煮熟的动物内脏和血粉、鱼粉、蛙肉等，经冷冻处理后，用绞肉机加 6～7 毫米模孔加工成肉糜。将肉糜加清水混合，然后均匀泼洒。每天下午 5～7 点投喂 1 次，投喂量控制在黄鳝总量的 1％范围内。这种喂量远低于黄鳝的饱食量，因此黄鳝始终处于饥饿状态，以便于建立黄鳝群体集中摄食的条件反射。

三天后，开始慢慢驯食专用配合饵料，由于饲料厂生产的专用饲料不能直接投喂，必须先进行调制，先用黄鳝专用饲料 35％加入新鲜河蚌肉浆 65％（3～4 毫米模孔绞肉机加工而成）和适量的黄鳝消化功能促进剂，手工或用搅拌机充分拌和成面团状，然后用 3～4 毫米模孔绞肉机压制成直径 3～4 毫米、长 3～4 毫米的软条形饵料，略微风干即可投喂。五天后调整配方，将专用配合饲料的含量提高 10％左右，将蚌肉糜的含量同时下降 10％左右，就这样慢慢地增加专用饲料的比例，直到最后让野生黄鳝完全适应专用配合饲料。

4. 驯养方法

为了达到驯养的目的，在野生黄鳝开始投喂时，千万不能投喂得过饱，只能让它保证六成饱的状态，当三天后观察到黄鳝适应稻田环境而摄食旺盛但一直处于半饥半饱状态时，用添加专用配合饲料和蚌肉糜的混合饵料来投喂黄鳝，同时将全田泼洒投喂改为定点投喂。一般每 20 米^2 设 4～6 个点，继续投喂 5 天，投喂量仍为 1％，此时黄鳝基本能在 3 分钟内吃完。再过 5 天再改投新配制的人工配合饵料，每天下午 5～7 点投喂 1次，投喂时直接撒入定点投喂区域，投喂量可以提高为鳝苗体重的 1.5％～2％，以 15 分钟内吃完为度，以提高饵料利用率。

由于黄鳝习惯在晚上吃食，因此驯饲多在晚上进行。待驯饲成功后，慢慢把每天投饲时间向前推移，逐渐移到早上 8～9 时、下午 2～3 时各投饲一次。这才算是人工驯养完全成功。

通过这样的驯食，一般在一个月内就可以让野生黄鳝完全适应专用配合饵料的投喂，而且配制饵料的投喂效果极为理想。实践表明，在有土的规模养殖中，饵料系数为 3；在无土流水工厂化养殖中，饵料系数可降到 2～2.5。

由于黄鳝对食物有严格的选择性，对某种食物形成适应后，就不能改变食性，因此，在苗种培育过程中，进行多次、广谱的驯食工作是非常重要的。

十一、 黄鳝的雄化技术

黄鳝的雄化技术也叫性别控制技术，也就是人为地控制黄鳝性别的一种方法。一般利用性激素就能诱导黄鳝的性别向人们希望的方向发展。控制性别的技术在国外已有很多年的发展，技术上已经十分成熟，但在国内该技术仅停留在实验室水平上，生产上尚无有关的报道，并且国家相应的标准尚未完善。目前我国黄鳝养殖在雄化技术方面仅仅是生产实践上的应用，在理论上并没有太多的报道。只是人们发现，经过雄性激素甲基睾丸素处理的黄鳝鱼苗，可获得 99％以上的雄性鳝。经过处理后的黄鳝因性别单一、密度固定，不仅生长快，而且成本低，一般可增产 30% 左右。这对于生产养殖是非常有好处的。虽然这在目前黄鳝养殖上还是一种新兴技术，但却是很有潜力的技术。

1. 黄鳝的性逆转特性决定了雄化的可能性

黄鳝每年从 5 月一直到 8 月，雌雄交配产卵，产卵时间较长；6 月开始孵化到 9 月；7～10 月间鳝苗发育生长，10 月生长发育到第二年 2 月间仔鳝长成幼鳝并越冬；第二年 2～5 月成鳝生长发育，开始第一次性成熟为雌鳝，5 月以后进入交配产卵。产卵后的雌鳝从 7 月到第三年 4 月间继续生长发育，卵巢渐变为精巢，到第三年 5 月以后第二次性成熟为雄鳝，以后终身为雄鳝不再变性。由此可见，黄鳝具有特殊的性逆转特性。

2. 雄化的意义

由于黄鳝在较小阶段时为雌性，而雌鳝为了完成传宗接代的任务，会加快它的性腺发育，从而导致摄取的营养有相当一部分用于性腺的发育，因此生长的速度就慢了，长的个头就小了，养殖户的收益也就少了，如果采取相应的技术手段，对它们进行雄化育苗，则可明显加快其生长速度，提高增重率。实践表明，黄鳝在雌性阶段生长速度只有逆变成雄性阶段的 30% 左右，也就是雄黄鳝的生长速度及增重率比雌性提高一倍以上。因此在生长较慢的鳝苗阶段喂服甲基睾丸素，使其提前雄化，可较大幅度提高黄鳝养殖产量，取得良好的经济效益。

3. 雄化对象

适宜进行黄鳝苗种雄化的对象要求为：①以专育的优良品种为佳，在鳝苗自腹下卵黄囊消失的夏花苗阶段施药效果最好，这时雄化周期最短，效果最明显；②个体单重达 20 克时的幼苗期开始雄化效果也不错，但用药时间要长一些，比第一种来说效果要略差一点；③如果已经丧失了最佳的雄化时期，也有补救措施，就是当黄鳝体重达到 50 克以上已经达到青年期时，这时的黄鳝也可以进行雄化，但是雄化的时间与前两种有一点差别，通常是在入秋时才能进行，而且在开春以后还要用药 10 天左右效果才明显；④有部分科研人员和养殖户也对 100 克以上的黄鳝施药，加速向雄性逆转，但是这个时期的黄鳝并不是最好的雄化对象，因为一方面100克以上的黄鳝在许多地方已经可以食用了，不必要承担喂药的风险；另一方面这种规格的黄鳝都会处于产卵盛期，而产卵期是不宜施药的，所以效果并不好。

4. 施药方法

根据黄鳝苗种不同的生长阶段而采取不同的施药方法。对于黄鳝夏花苗种阶段进行施药雄化时，在施药前先对黄鳝苗种做健康检查，然后放干池水，再冲进新水，接着两天不投食，先让黄鳝保持饥饿状态，到了第三天开始投喂，主要是喂给熟蛋黄，先将鸡蛋剥开去掉蛋白，取其中的蛋黄并调成糊状，按每两只蛋黄加入含雄性激素甲基睾丸素1毫克的酒精溶液25毫升，充分搅匀后均匀泼洒投喂黄鳝，投喂量以不过剩为准，投药期食台面积应比平时要大些，以免争食不均。连续投喂一周后，改喂用蚯蚓磨成的肉浆，同时加入药物，此时用药量增加到每50克蚯蚓用2毫克甲基睾丸素，在添加蚯蚓肉浆前先用5毫升酒精将甲基睾丸素充分溶解并搅拌均匀，投喂给黄鳝，这样连续投喂15天后就可以停药不再投喂，这时基本上就可以达到雌性雄化的目的。经此夏花施药雄化处理后的黄鳝，一般不会再有雌性状态出现。为了保险起见，在生长一段时间后，当黄鳝个体增重至8～10克时，再按上面的方法和药物剂量继续施药15天，效果就非常明显了。

如果错过了夏花阶段，还有一个雄化的时期，那就是当黄鳝个体重15克以上时，这时也可以进行雄化，雄化的技术与前文的基本相同，只是用药量和投喂时间有所不同，这时的用药量为500克活蚯蚓拌甲基睾丸素3克，而且需要连续投喂一个月才能达到完全雄化的效果。

5. 加强管理

① 为了确保黄鳝的安全和雄化效果，在雄化期间田内不宜施用消毒剂，但为了保证水质的优良，此时可施用氧化钙或生石灰，施药浓度为春、秋季5～10毫克/升，夏季10～20毫克/升。

② 甲基睾丸素是一种性刺激激素，用药量开始时不宜过大，可逐步增加到允许的添加量范围内。

③ 黄鳝养殖使用甲基睾丸素，在社会上可能有一些不同的见解，为

了消除人们对此的不正确认识，也为了保证食品的安全，在100克以上的黄鳝尽量不要用药，而且在捕捉期的两个月前一定要停药观察，所有的用药时间和用药浓度必须保留档案。

④ 经雄化的良种鳝食量大为增加，此时的投食量应相应增大，投食量可达到黄鳝体重的10％甚至更高，7个月可催肥出售。因增重速度快，鳝体提早雄健粗壮，从而提高了抗病力，可加大放养密度。所以雄化育苗也是黄鳝人工密养的有效措施之一。

⑤ 要注意不同的饵料对黄鳝的生长还是有明显差别的，主要体现在饲料转化率及增重率显著提高的范围有一定差异，例如3千克大平2号鲜蚯蚓可增重0.5千克鳝肉；2千克黄粉虫可增重1千克鳝肉。

十二、 田水的管理

稻田水域是水稻和黄鳝共同的生活环境，稻田养鳝，水的管理主要依据水稻的生产需要兼顾黄鳝的生活习性，多采取"前期水田为主，多次晒田，后期干干湿湿灌溉法"。盛夏加足水位到15厘米；坚持每周换水一次，换水5厘米；在换水后五天，每亩用生石灰化浆后趁热全田均匀泼洒；8月下旬开始晒田，晒田时降低水位到田面以下3～5厘米，然后再灌水至正常水位；对水稻拔节孕穗期开始至乳熟期，保持水深5～8厘米，往后灌水与露田交替进行，直到10月中旬；露田期间要经常检查进出水口，严防水口堵塞和黄鳝外逃；雨季来到时，要做好平水缺口的管理工作。

十三、 科学投饵

1. 饲料种类

黄鳝为肉食性鱼类，主要饲料有小杂鱼、小虾、螺、蚌、蚯蚓、蚬肉、蝇蛆、鲜蚕蛹、切碎的禽畜内脏及下脚料，可适当搭配麦芽、豆饼、豆渣、麸皮、发酵酸化的瓜果皮，还可适当投喂混合饲料。在这些饲料中，以蚯蚓、蝇蛆为最适口饲料。还可以在稻田中装30～40瓦黑光灯或日光灯引诱昆虫喂黄鳝。

2. 投喂方法及数量

在黄鳝进入稻田后，先饥饿 2～3 天再投饵，投喂饲料要坚持"四定"的原则。

（1）定点　饵料主要定点投放在田内的围沟和腰沟内，每亩田可设投饵点 5～6 处，这会使黄鳝形成条件反射，集群摄食。

（2）定时　因为黄鳝有昼伏夜出的特点，所以投饵时间最好掌握在 17～18 时左右。稻田养殖黄鳝时，也不一定非得驯食在白天投喂。

（3）定量　投喂时一定要根据天气、水温及残饵的多少灵活掌握投饵量，一般为黄鳝总体重的 2%～4%。如投喂太多，则会胀死黄鳝，污染水质；投喂太少，则会影响黄鳝的生长。气温低、气压低时少投，天气晴好、气温高时多投，以第二天早上不留残饵为准。10 月下旬以后由于温度下降，黄鳝基本不摄食，应停止投饵。

（4）定质　饵料以动物性蛋白质饲料为主，力求新鲜不霉变。小规模养殖时，可以采取培育蚯蚓、豆腐渣育虫、利用稻田光热资源培育枝角类等活饵喂鳝。

稻田还可就地收集和培养活饵料，例如可采取沤肥育蛆的方法来解决部分饵料，效果很好，用塑料大盆 2～3 个，盛装人粪、熟猪血等，置于稻田中，会有苍蝇产卵，蝇蛆长大后会爬出落入水中供黄鳝食用。

十四、 水质调节

清爽新鲜的水质有利于黄鳝的摄食、活动和栖息，浑浊变质的水体不利于黄鳝的生长发育。在稻田养殖黄鳝时要坚持早、中、晚各巡塘 1 次，检查其生长生活状态，清除剩饵等污物。每当天气由晴转雨或由雨转晴，或天气闷热时，或当水质严重恶化时，黄鳝前半身直立于水中，将口露出水面呼吸空气，俗称"打桩"，这是水体缺氧之故。发现这种情况，必须及时加注新水进行解救。如果对气候了解有把握的情况下，凡在这种天气的前夕，都要灌注新水。

水质调节的主要内容：一是要使田水保持适量的肥度，能提供适量的饲料生物，有利于黄鳝生长；二是为了防止水质恶化，调节水的新鲜度，一般每天先将老水、浑浊的水适时换出，再注入部分新鲜水，在生长季节每 10~15 天换水 1 次，每次换水量为田间沟水总量的 1/5~1/4，盛夏时节（7~8 月）要求每周换水 2~3 次，要每天捞除残饵；三是适时用药物，如用生石灰等调节水质；四是用种植水生植物来调节水质；五是在后期的饲养过程中，由于黄鳝排泄量太大，不但要采用常流水而且要经常泼洒 EM 菌液，才能使水质保持良好。

十五、 科学防病

1. 对水稻的用药

稻田养鳝，黄鳝能摄食部分田间小型昆虫（包括水稻害虫），故虫害较少，须用药防治的主要稻病为穗颈瘟病和纹枯病（白叶枯病）。防治病虫害时，应选择高效低毒农药如井冈霉素、杀虫双、三环唑等。喷药时，喷头向上对准叶面喷施，并采取加高水位、降低药物浓度，或降低水位，只鳝沟、鳝溜有水的办法，防止农药对黄鳝产生不良影响。

2. 对鳝的防治

黄鳝一旦发病，将钻入泥中，不吃不动，给治疗带来一定难度，所以平时的预防更为重要。

① 在黄鳝入田时要严格进行稻田、鳝种消毒，杜绝病原菌入田。

② 在鳝种搬动、放养过程中，不要用干燥、粗糙的工具，保持鳝体湿润，防止损伤，若发现病鳝，要及时捞出、隔离，防止疾病传播，并请技术人员或有经验的人员诊断、治疗。

③ 对黄鳝的疾病以预防为主，一旦发现病害，立即诊断病因，辨证施治科学用药。

④ 定期防病治病，每半月一次用生石灰或漂白粉泼洒四周环沟，或定期用漂白粉或生石灰等消毒田间沟，以预防鳝病。生石灰挂篓，每次 2~3 千克，分 3~4 个点挂于沟中；用漂白粉 0.3~0.4 千克，分 2~3 处挂袋。

⑤ 定期使用痢特灵或鱼血散等内服药拌饵投喂，每 50 千克鳝鱼用 2 克拌饵投喂，可有效防治肠炎等病。

⑥ 坚持防重于治的原则，管理好水质也是防止疾病发生的重要手段。鳝池水浅，要常换新水，保持水质清新，每天吃剩的残饵要及时捞走，保

持水质"肥、活、嫩、爽"。

十六、 捕鳝上市

稻田养殖的成鳝捕捞时间一般在 10 月下旬至 11 月中旬，尤其是在元旦、春节销售的市场最好、价格最高，捕捞也都在这时进行。黄鳝捕获方法很多，可因地制宜采取相应捕获措施。

一是捕捉时，先慢慢排干田中的积水，并用流水刺激，在鳝沟处用网具捕获，经过几次操作基本上可以捕完 90% 以上的成鳝；二是用稻草扎成草把放在田中，将猪血放入草把内，第二天清晨可用抄网在草把下抄捕；三是用细密网捕捞；四是放干田水人工干捕，当然，干捕时黄鳝极易打洞，这时配合挖捕可基本上捕完黄鳝，挖捕时只需用铁制的小三股叉就可将黄鳝挖出，从稻田一角开始翻土，挖取黄鳝。不管是网捞还是挖取，都尽量不要让鳝体受伤，以免降低商品价值。

第十节 稻田养殖龙虾

稻田养殖龙虾模式，是目前提高种粮效益的最好方式之一，也是全国各地都在推广的主要农业技术措施之一，采用稻田养殖龙虾的主要好处就是能做到"稳粮丰虾"，基本上能保证亩产水稻稳定在 500 千克左右，同时收获龙虾 100 千克左右，亩效益能保证在 2000～3000 元左右。

龙虾和水稻都有一段时间的共作，一方面涉及稻田的施肥、除草、排灌、收割、防治病虫害等；另一方面，也涉及小龙虾养殖中的饲料投喂、水位控制、防逃防盗、防敌害、防病治病和捕捞等。因此，要种好稻养好虾，必须具备良好的物质、技术条件。

一、 田间工程建设

1. 稻田的选择

养虾稻田要有一定的环境条件才行，不是所有的稻田都能养虾，一般的环境条件主要有以下几种：

（1）水源　选择养殖龙虾的稻田，应选择水源充足，水质良好，雨季水多不漫田，旱季水少不干涸，无有毒污水、低温冷浸水流入，周围无污染源，保水能力较强的田块，农田水利工程设施要配套，有一定的灌排条件，低洼稻田更佳。

（2）土质　土质要肥沃，由于黏性土壤的保持力强，保水力也强，渗漏力小，因此这种稻田是可以用来养虾的。而矿质土壤、盐碱土以及渗水漏水、土质瘠薄的稻田均不宜养虾。

（3）面积　面积少则十几亩，多则几十亩、上百亩都可，面积大比面积小更好。

（4）其他条件　稻田周围没有高大树木，桥涵闸站配套，通水、通电、通路。

2. 开挖鱼沟

养虾稻田的田埂要相对较高，正常情况下要能保证50～80厘米的水深。除了田埂要求外，还必须适当开挖鱼沟，这是科学养虾的重要技术措施。稻田因水位较浅，夏季高温对龙虾的影响较大，因此必须在稻田四周开挖环形沟，面积较大的稻田，还应开挖"田"字形、"川"字形或"井"字形的田间沟。环形沟距田间1.5米左右，上口宽3米，下口宽0.8米；田间沟宽1.5米、深0.5～0.8米，坡比1：2.5。鱼沟既可防止水田干涸和作为烤稻田、施追肥、喷农药时龙虾的退避处，也是夏季高温时龙虾栖息隐蔽遮阴的场所，沟的总面积占稻田面积的8%～15%左右。

3. 加高加固田埂

为了保证养虾稻田达到一定的水位，增加龙虾活动的立体空间，须加高、加宽、加固田埂，平整田面，可将开挖环形沟的泥土垒在田埂上并夯实，确保田埂高达1.0～1.2米、宽1.2～1.5米，田埂加固时每加一层泥土都要打紧夯实，要求做到不裂、不漏、不垮，在满水时不能崩塌跑虾。

4. 防逃设施

从一些地方的经验来看，有许多自发性农户在稻田养殖龙虾时并没有在田埂上建设专门的防逃设施，但产量并没有降低，所以有人认为在稻田中可以不设防逃设施，这种观点是有失偏颇的。经过相关专家分析：①因为在稻田中采取了稻草还田或提高稻桩的技术，为龙虾提供了非常好的隐蔽场所和丰富的饵料；②与放养数量有很大的关系，在密度和产量不高的情况下，龙虾互相之间的竞争压力不大，没有必要逃跑；③农户都没有做防逃设施，龙虾的逃跑呈放射性，跑进跑出的机会相等，所以没有感觉到产量降低。因此，如果进行高密度的养殖，要取得高产量和高效益，还是很有必要在田埂上建设防逃设施的。

防逃设施有多种，常用的有两种：①安插高 55 厘米的硬质钙塑板作为防逃板，埋入田埂泥土中约 15 厘米，每隔 75～100 厘米用一木桩固定，注意四角应做成弧形，防止龙虾沿夹角攀爬外逃；②采用网片和硬质塑料薄膜共同防逃，在易涝的低洼稻田主要以这种方式防逃，用高 1.2～1.5 米的密网围在稻田四周，在网上内面距顶端 10 厘米处再缝上一条宽 25～30 厘米的硬质塑料薄膜即可。

稻田开设的进排水口应用双层密网防逃，同时也能有效地防止蛙卵、野杂鱼卵及幼体进入稻田危害蜕壳虾；同时为了防止夏天雨水冲毁堤埂，稻田应开施一个溢水口，溢水口也用双层密网过滤，防止龙虾乘机逃走。

5. 放养前的准备工作

① 及时杀灭敌害，放虾前 10～15 天，清理环形虾沟和田间沟，除去浮土，修正垮塌的沟壁，每亩稻田环形虾沟和田间沟用生石灰 20～50 千克进行彻底清沟消毒，或选用鱼藤酮、茶粕、漂白粉等药物杀灭蛙卵、鳝、鳅及其他水生敌害、寄生虫和致病菌等。

② 种植水草，营造适宜的生存环境，在环形沟及田间沟种植沉水植物如聚草、苦草、水花生、空心菜、马来眼子菜、轮叶黑藻、金鱼藻等沉水性水生植物，并在水面上移养漂浮水生植物如芜萍、紫背浮萍、凤眼莲、水葫芦等，但要控制水草的面积，一般水草占虾沟面积的 10%～20%，以零星分布为好，不要聚集在一起，这样有利于虾沟内水流畅通无阻塞。还可在离田埂 1 米处，每隔 3 米打一处 1.5 米高的桩，用毛竹架设，在田埂边种瓜、豆、葫芦等，等到藤蔓上架后，在炎夏可以起到遮阴避暑的作用。

③ 施足基肥，培肥水体，调节水质，为了保证龙虾有充足的活饵供取食，可在放种苗前一个星期，往田间虾沟中注水 50～80 厘米，然后施

有机肥，常用干鸡粪、猪粪来培养饵料生物，每亩施农家肥500千克，一次施足，并及时调节水质，确保养虾水质保持"肥、活、嫩、爽、清"的要求。

二、 水稻栽培与管理

1. 水稻品种选择

养虾稻田一般只种一季稻，水稻品种要选择经国家审定适合本区域种植的优质高产高抗品种，品种特点要求叶片开张角度小，属于抗病虫害、生长期较短、抗倒伏且耐肥性强的紧穗型品种，生长期最好不要超过135天，除了秧苗期外，在大田里生长时间控制在100天以内最佳，目前常用的品种有丰两优系列、新两优系列、两优培九、汕优系列、协优系列等优质高产品种。

2. 整地方式和要求

先施基肥后整地，用机械干耕，后上水耙田，再带水整平。

3. 施肥方式和使用量

中等肥力田块，每亩施腐熟厩肥3000千克，氮肥8千克，P_2O_5 6千克，K_2O 8千克，均匀撒在田面并用机器翻耕耙匀。

4. 育苗和秧苗移植

全部采用肥床旱育模式，稻种浸种不催芽，直接落谷。按照肥床旱育要求进行操作。

秧苗一般在5月中旬、秧龄达30～35天时开始移植，移栽时水深3厘米左右，采取条栽与边行密植相结合、浅水栽插的方法，养虾稻田宜提早10天左右。移植方式以采用抛秧法为宜，要充分发挥宽行稀植和边坡优势，确定每亩移栽1.5万～2万穴，杂交稻每穴1～2粒种子苗，其株行距为13.3厘米×30厘米 或13.3厘米×25厘米，确保龙虾生活环境通风透气性能好。旱育秧移栽大田不落黄，返青快，栽后3天活棵，5天后开始新的分蘖。

5. 水稻的管理

水稻施肥，稻田基肥在年前年后一次施入耕作层内，以后的追肥做到量少次数多，最好是先试半边田，另半边田后施。一般每月追肥一次。小龙虾养殖过程中主要施用生物菌肥，用于水草的栽种、虾苗的培育。小龙虾养殖绝对不能施用碳酸氢铵和氨水，可用磷酸二氢钾和少量的尿素，使用肥料看水色、水质情况而定。除草的问题，一般不需要考虑除草剂，水稻田中少量的草，小龙虾会将其吃掉，对于一些大型的硬秆水草如稗草等，在巡田时可以人工拔除。

三、 龙虾放养

1. 放养时间和模式

不论是当年虾种，还是抱卵的亲虾，应力争一个"早"字。早放既可延长虾在稻田中的生长期，又能充分利用稻田施肥后所培养的大量天然饵料资源。

龙虾的放养方法根据不同的市场行情，可选择不同的放养方式，一般可以分为以下几种情况：

① 放养种虾。每年的 7 月份，在中稻收割之前 1 个月左右，将经挑选的龙虾亲虾直接入养在稻田的虾沟内，让其自行繁殖，亲虾可以自行摄食稻田中的有机碎屑、浮游动物、水生昆虫、周丛生物及水草等。稻田的排水、晒田、收割照常进行。收割后立即灌水，并施入腐熟的有机肥，培肥水质。待发现有幼虾活动时，就可以用地笼捕走大虾。

② 投放抱卵亲虾。每年的 8～9 月中旬当早稻和中稻收割后（收割时稻桩要多留一点），立即灌水，同时往稻田投入抱卵虾，规格为 20～30尾/千克。孵出幼虾后，起捕种虾。这是在本地幼虾供应不足或成虾市场行情低迷，而短期内回升可能性不大的情况下最好的模式。

③ 投幼虾。以放养当年人工繁殖的稚虾为主，投放规格 100～120尾/千克。这是在本地幼虾资源丰富的情况下采取的模式，也可以采取随时捕捞、及时补充的放养方式。

④ 投放大规格的虾种。在科技推广中我们发现，许多地方在 8 月份

后也可以收到大量的小虾，规格在 90 尾/千克左右，这种虾作为成虾，规格又小了一点，所以市场价格也非常便宜，如果没有受到挤压、药害等的损伤，可以收购后投放在稻田中，第二年 3 月份就可以有大虾收获，此时的规格可达 20 尾/千克左右，价格可达到 75～90 元/千克，这种围养的模式效益也是非常好的，值得在稻田养虾中大力推广。

2. 放养密度

根据稻田养殖的实际情况，一般每亩放养 40 克以上的龙虾种虾 20 千克，雌雄性比 3：1；每亩稻田按 20～25 千克抱卵亲虾放养；幼虾每亩稻田虾沟按 1 万～1.2 万尾投放；大规格虾种投放数量在 100 千克/亩。注意抱卵亲虾要直接放入外围大沟内饲养越冬，秧苗返青时再引诱虾入稻田生长。在 5 月以后随时补放，以放养当年人工繁殖的稚虾为主。

3. 放苗操作

在稻田放养虾苗，一般选择晴天早晨和傍晚或阴雨天进行，这时天气凉爽，水温稳定，有利于放养的龙虾适应新的环境。虾苗种在放养时要试水，试水安全后，才可投放幼虾。放养时，沿沟四周多点投放，使龙虾苗种在沟内均匀分布，避免因过分集中引起缺氧窒息死亡。龙虾在放养时，要注意幼虾的质量，同一田块放养规格要尽可能整齐，放养时一次放足。放养虾种时先用 3％～4％的食盐水浴洗 10 分钟消毒。

4. 亲虾的放养时间

从理论上来说，只要稻田内有水，就可以放养亲虾，但从实际的生产情况对比来看，放养时间在每年的 8 月上旬到 9 月中旬的产量最高。因为：①这个时间的温度比较高，稻田内的饵料生物比较丰富，为亲虾的繁殖和生长创造了非常好的条件；②亲虾刚完成交配，还没有抱卵，投放到稻田后刚好可以繁殖出大量的小虾，到第二年 5 月份就可以长成成虾。如果推迟到 9 月下旬以后放养，有一部分亲虾已经繁殖，在稻田中繁殖出来的虾苗的数量相对就要少一些。另外一个很重要的方面是龙虾的亲虾最好采用用地笼捕捞的虾。9 月下旬以后龙虾的运动量下降，用地笼捕捞的效果不是很好，购买亲虾的数量就难以保证。因此，要趁早购买亲虾，时间定在每年的 8 月初，最迟不能晚于 9 月 25 日。

由于亲虾放养与水稻移植有一定的时间差，因此暂养亲虾是必要的。目前常用的暂养方法有网箱暂养及田头土池暂养，由于网箱暂养时间不宜过长，否则会折断亲虾附肢且互相残杀现象严重，因此建议在田头开辟土池暂养，其具体方法是：亲虾放养前半个月，在稻田田头开挖一条面积占稻田面积2%～5%的土池，用于暂养亲虾；待秧苗移植一周且禾苗成活返青后，可将暂养池与土池挖通，并用微流水刺激，促进亲虾进入大田生长，这种方法通常称为稻田二级养虾法。利用此种方法可以有效地提高龙虾成活率，也能促进龙虾适应新的生态环境。

四、 水位调节

水位调节是稻田养虾过程中的重要一环，主要是水稻田的排灌和养殖小龙虾的水质、水位管理。除晒田外，平时稻田水位保持在20～30厘米左右，并经常进排换水。龙虾放养初期，田面水位宜浅，保持在10厘米左右，但因虾的不断长大和水稻的抽穗、扬花、灌浆均需大量水，所以可将田水逐渐加深到20～25厘米，以确保两者（虾和稻）的需水量。在水稻有效分蘖期采取浅灌，保证水稻的正常生长；进入水稻无效分蘖期，水深可调节到20厘米，既能增加龙虾的活动空间，又能促进水稻的增产。同时，还应注意观察田沟水质变化，一般每3～5天加注新水一次；6月底每周换水1/4～1/3；7～8月可每天换水1/4～1/3；9月份后，每隔3～5天左右换水一次，每次换水1/4～1/3，尽量保持虾沟内水体透明度25～30厘米。稻田进水一般在凌晨3点左右至上午10点左右，这个时间段水温比较接近。进排水时尽量做到边排边灌、排灌不急、温差不大、水位相对稳定。

水稻田的轻烤、重烤，水稻需水与烤田的生长过程和龙虾的生长过程存在一定的矛盾，解决这一矛盾的最好方法是多换水晾根，分蘖时轻烤，收割前重烤。随时注意虾沟内的底质、水质的调节。

五、 投饵管理

首先通过施足基肥、适时追肥，培育大批枝角类、桡足类以及底栖生物，同时在3月还应放养一部分螺蛳，每亩稻田150～250千克，并移栽足够的水草，为龙虾生长发育提供丰富的天然饲料。在人工饲料的投喂上，一般情况下，按动物性饲料40%、植物性饲料60%来配比。投喂时也要实行"定时、定位、定量、定质"投饵。早期每天分上、下午各投喂一次；后期在傍晚6点多投喂。投喂饵料品种多为小杂鱼、锤碎的螺蛳肉和河蚌肉、蚯蚓、动物内脏、屠宰厂的下脚料、蚕蛹，配喂玉米、小麦、大麦粉、豆类蔬菜、瓜果等。还可投喂适量植物性饲料，如水葫芦、水芜萍、水浮萍等。日投喂饲料量为虾体重的4%～7%。平时要坚持勤检查虾的吃食情况，当天投喂的饵料在2～3小时内被吃完，说明投饵量不足，应适当增加投饵量，如在第二天还有剩余，则投饵量要适当减少。

7月至9月上旬以投喂植物性饲料为主，9月上旬至11月上旬多投喂一些动物性饲料。冬季每3～5天在中午天气晴好时投喂1次。从翌年3月份开始，逐步增加投喂量。

六、 病害预防

对于龙虾的病害应采取"预防为主"的科学防病措施。稻田饲养龙虾，其敌害较多，常见的敌害有蛙、水蛇、老鼠、黄鳝、泥鳅、鸟等，尤其是小虾苗和蜕壳虾更易受到危害。这是因为在放虾初期，稻株茎叶不茂，田间水面空隙较大，此时虾个体也较小，活动能力较弱，逃避敌害的能力较差，容易被敌害侵袭。同时，龙虾每隔一段时间需要蜕壳生长，在蜕壳或刚蜕壳时，最容易成为敌害的侵害目标。到了收获时期，由于田水排浅，虾有可能到处爬行，目标会更大，也易被鸟、兽捕食。对此，要加强田间管理，并及时驱捕敌害。因此一定要注意防敌害，具体做法就是四个字：防、驱、捕、吓。①防。对于鹭鸶、红嘴鸥等水鸟，可以用挑单丝或用防鸟网的方式来预防。对于它们只能是预防，不能捕杀，因为它们是国家保护动物。对于鸭和鸡等也要预防不能入田，有一个误区就是认为鸡对龙虾是无害的，这个观点是错误的，鸡会进入稻田里大量吃小虾苗。除放养前彻底用药物清除外，进水口进水时要用40～80目纱网过滤，预防鱼、蛙等卵和幼苗进入稻田。②驱。对于青蛙、蛇等也只能实行驱逐，不能猎杀。③捕。对于稻田里存在的黄鳝、泥鳅、黑鱼、鲶鱼等鱼类，可以采用先捕捞上来吃掉或卖掉，最后才用生石灰杀死的方法。④吓。有条件的可在田边设置一些彩条或稻草人，恐吓、驱赶水鸟。

水稻病虫害基本上是需要防治的，虽然小龙虾可以把虫子作为食物吃掉，但是水稻的生理性病害也需要预防，这可能会对小龙虾养殖有一定的影响。经试验，宁南霉素、噻虫啉、阿维菌素、伊维菌素、纯生芽孢乳、碘制剂等都可以用，菊酯类、有机磷类都绝不可使用。施药时要注意施药技巧，稻田用药时尽量将稻田分区域用药，每天只对一个区域用药，施药时间根据天气的干湿度灵活掌握，一般下午时，水稻的叶面水分被蒸发后易吸收药物，可避免药物掉入沟中对小龙虾造成影响。

七、 加强其他管理

其他的日常管理工作包括勤巡田、勤检查、勤研究、勤记录。坚持早、晚巡田，检查沟内水色变化和虾的活动、摄食、生长情况，决定投饵、施肥数量；检查堤埂是否塌漏，平水缺、进出水口筛网、拦虾设施是否牢固，防止逃虾和敌害进入；检查虾沟、虾窝，及时清理，防止堵塞；汛期防止漫田而发生逃虾的事故；检查水源水质情况，防止有害污水进入稻田；原持虾沟内有较多的水生植物，数量不足要及时补放；大批虾蜕壳时不要冲水，不要干扰，蜕壳后增喂优质动物性饲料；高温季节，每10天换1次水，每次换水1/3，每20天泼洒1次生石灰水调节水质；如果发现龙虾抱住稻秧，侧卧于水面，则表示水体已呈缺氧状态，如果龙虾大批上岸，表示缺氧严重，应立即加注新水。因此在日常管理时要及时分析存在的问题，做好田块档案记录。

八、 收获

稻谷收割出稻田时，秸秆留25厘米左右，露出水面15厘米左右。9月中旬后，小龙虾开始打洞，此时尽量保持水位稳定。10月收割稻谷后，先将田块晒3～4天，然后上满水，要将稻桩淹到水下10厘米，这个水位以后基本上保持不变，适当施肥，促进稻桩返青，为龙虾提供庇荫场所及天然饵料来源。到第二年的2～3月份，气温逐渐回升，应逐渐加深水位，用水位控制水温，尽量调节合适的水温适合小龙虾的生长需求。

稻田养虾在3～9月都可捕捉，具体的起捕时间可根据市场行情和养殖需要灵活掌握，长期捕捞、捕大留小、轮捕轮放、常年供应市场是降低成本、增加产量的一项重要措施。可以这样说，龙虾是捕出来的，养虾人越勤劳，捕虾越厉害，养出来的虾越多，规格越大，效益越好。关于捕捞有两个要点需要掌握：一是要根据不同的需求选择不同的笼眼，做到捕大留小且不伤虾，如果不是卖苗，就要用大眼虾笼。总之要做到的一点就是尽可能不再将多次分拣好的小虾放入田里，否则虾苗的死亡率会非常高，而且进入稻田里的小虾三天左右基本不吃食、不生长，会影响到稻田里龙虾的产量和效益。二是每亩稻田确保不能低于 4 条笼的捕捞密度，在集中捕捞 10 天左右，一定要将虾笼拖上岸用太阳晒 2～3 天，接着再捕。

稻田养殖龙虾时主要采用地笼网张捕法，傍晚将地笼网置于稻田虾沟内，每天清晨起笼收虾。每隔一段时间将地笼换一个地方，继续捕捞，这样可以有效提高捕捞效率。需要注意的是，龙虾在捕捞前，稻田的防病治病要慎用药物，否则影响龙虾的回捕率，药物的残留也会影响商品虾的质量，导致市场销售障碍，影响养殖效益。

第十一节　稻田养蟹

稻田养蟹是综合利用水稻、河蟹的生态特点达到稻蟹共生、相互利用，从而使稻蟹双丰收的一种高效立体生态农业模式，是动植物生产有机结合的典范，是农村种养殖立体开发的有效途径，其经济效益是单作水稻的 3～5 倍。为了促进稻田养蟹健康有序地发展，实施稻田养蟹操作规程是十分必要的。

一、田间工程建设

1. 稻田的选择

养蟹稻田必须选择灌排水畅通、水质清新、地势平坦、保水保肥性能好、无污染的田块，土质以黄黏土为好，面积以 8～10 亩为宜。

2. 开挖蟹沟

稻田因水位较浅，夏季高温对河蟹的影响较大，因此必须在稻田四周开挖环形沟，面积较大的稻田，还应开挖"田"字形或"川"字形或"井"字形的田间沟。环形沟距田间 1.5 米左右，上口宽 3 米，下口宽 0.8 米；田间沟宽 1.5 米，深 0.5～0.8 米。蟹沟既可防止水田干涸和作为烤稻田、施追肥、喷农药时河蟹的退避处，也是夏季高温时河蟹栖息隐蔽遮阴的场所，沟的总面积占稻田面积的 8%～15% 左右。

3. 加高加固田埂

为了保证养蟹稻田达到一定的水位，增加河蟹活动的立体空间，须加高加固田埂，可将开挖环形沟的泥土垒在田埂上并夯实，确保田埂高达 1.0～1.2 米，宽 1.2～1.5 米。

4. 防逃设施

防逃设施有多种，常用的有两种：①安插高 55 厘米的硬质钙塑板作为防逃板，埋入田埂泥土中约 15 厘米，每隔 75～100 厘米用一木桩固定，注意四角应做成弧形，防止河蟹以叠罗汉的方式或沿夹角攀爬外逃；②采用网片和硬质塑料薄膜共同防逃，在易涝的低洼稻田主要以这种方式防逃，用高 1.2～1.5 米的密网围在稻田四周，在网上内面距顶端 10 厘米处再缝上一条宽 25～30 厘米的硬质塑料薄膜即可。

稻田开设的进排水口应用双层密网防逃，同时也能有效地防止蛙卵、野杂鱼卵及幼体进入稻田危害蜕壳蟹；同时为了防止雨水冲毁堤埂，稻田应开施一个溢水口，溢水口也用双层密网过滤，防止幼河蟹乘机逃走。

5. 放养前的准备工作

及时杀灭敌害，可用鱼藤酮、茶粕、生石灰、漂白粉等药物杀灭蛙卵、克氏原螯虾、鳝、鳅及其他水生敌害和寄生虫等；种植水草，营造适宜的生存环境，在环形沟及田间沟种植沉水植物，如聚草、苦草、喜旱莲子草（水花生）等，并在水面上移养漂浮水生植物，如芜萍、紫背浮萍、凤眼莲等；培肥水体，调节水质，为了保证河蟹有充足的活饵供取食，可在放种苗前一个星期施有机肥，常用的有干鸡粪、猪粪，并及时调节水质，确保养蟹水质保持"肥、活、嫩、爽、清"。

二、 水稻栽培技术

1. 水稻品种选择

养蟹稻田一般只种一季稻，水稻品种要选择叶片开张角度小、抗病虫害、抗倒伏且耐肥性强的紧穗型品种，目前常用的品种有汕优系列、协优系列等。

2. 施足基肥

每亩施用农家肥 200～300 千克、尿素 10～15 千克，均匀撒在田面并用机器翻耕耙匀。

3. 秧苗移植

秧苗一般在 5 月中旬开始移植，养蟹稻田宜提早 10 天左右。移植方式采用抛秧法，要充分发挥宽行稀植和边坡优势，移植密度以 30 厘米×15 厘米为宜，确保河蟹生活环境通风透气性能好。

三、 蟹种培育技术

1. 大眼幼体的选购及放养

蟹苗成活率的高低，苗种质量是关键。要选择日龄足、淡化程度好、游泳快的健壮大眼幼体。用于稻田培育蟹种的大眼幼体，一般采用常温下的人繁苗（以土池育苗为佳）或天然苗，放养时间以 5 月中下旬到 6 月上旬为宜，太早易导致性早熟，太迟培育的蟹种规格太小，失去了"育扣蟹、养大蟹、赚大钱"的优势。由于稻田育苗面积比较大，天然饵料丰富，光照条件好，植物光合作用旺盛，水体溶氧丰富，每亩可放养 1.25～1.75 千克规格为 15 万～16 万只/千克的大眼幼体，或者投放经 I 期变态后的规格为 5 万～6 万只/千克的仔幼蟹 0.75～1.25 千克。

2. 科学投饲

提高蟹苗成活率，投饵环节至关重要。初放的十天内一般投喂丰年虫，效果较好，也可投喂豆浆、鱼糜、红虫等鲜活适口饵料，投饵率为河蟹体重的50%左右，随着幼蟹生长速度的加快和变态次数的增多，投饵率逐渐下降至10%，一个月后，幼蟹已完成Ⅲ期到Ⅴ期蜕壳，规格在1.5万～2万只/千克，此时开始停喂精料，以投喂水草为主，并辅以少量的浸泡小麦，这样有利于控制性早熟；进入9月中旬，气温渐降，幼蟹应及时补充能量，以适应越冬之需，开始投喂精饲料，投饵率达5%～10%，到11月中旬，确保幼蟹规格达到80～150只/千克。

3. 水质调节

幼蟹对水质尤其是溶氧的要求比较高，初放时水深应超过田面5～10厘米，7～8月高温季节应及时补充新水，并加高水位，以控制水温，改善水质。在早稻收获后，一方面稻桩腐烂会败坏水质，另一方面水温尚处于高温状态，因此要特别注意水温的调控措施，定期泼洒石灰浆，水源充足时，可在每天下午3～5时左右换冲水，并使田水呈微流动状态。

4. 捕获

利用稻田培育蟹种，在捕获时可采用以下几种方法：流水刺激捕捞法、地笼张捕法、灯光诱捕法、草把聚捕法。其中尤其以流水刺激和地笼张捕相结合效果最佳。在捕捉时，将地笼张捕在流水的出入口处，隔10米放置一条，将田水的水位缓慢下降，使蟹种全部进入蟹沟，再利用微流水刺激或水位反复升降来刺激捕捞。最后放干田水后将少部分（约占2%～5%）的蟹种人工挖捕。

四、 扣蟹养殖成蟹技术

1. 扣蟹的鉴别与放养

扣蟹的质量优劣直接决定成蟹的养殖效益，因此正确鉴别优质扣蟹是养殖生产的关键环节。扣蟹鉴别三部曲：首先鉴定扣蟹种源，目前市场上蟹种种质资源十分混乱，其中以长江蟹种稳定性能好、生长速度快、成活率及回捕率高，鉴定时主要从河蟹的前额齿的尖锐程度、疣突的形状、步

第五章 稻田养鱼技术 159

足的扁平程度及附肢刚毛等几个方面进行；其次是剔除伤病蟹种，虽然伤残附肢可以再生，但将影响成蟹规格，更重要的是缺少附肢的蟹种，成活率明显降低，因此必须剔除肢体残缺、活动能力不强、体表有寄生虫的蟹种；最后是挑出性早熟蟹，性早熟蟹种已经没有任何养殖意义，应及时挑出并处理。早熟蟹的剔除方法主要是从大螯绒毛环生的程度、蟹脐圆与尖的比例、雌蟹卵巢轮廓的大小、雄蟹交接棒（生殖器）的硬化程度及附肢刚毛密生程度等进行筛选。

扣蟹的放养时间以 2 月中旬至 3 月上旬为主，此时温度低，河蟹活动能力及新陈代谢强度低，有利于提高运输成活率。每亩稻田宜放养规格为120～200 只/千克的蟹种 500～800 只。

由于扣蟹放养与水稻移植有一定的时间差，因此暂养蟹种是必要的。目前常用的暂养方法有网箱暂养及田头土池暂养，由于网箱暂养时间不宜过长，否则会折断蟹附肢且互相残杀现象严重，因此建议在田头开辟土池暂养，具体方法是蟹种放养前半个月，在稻田田头开挖一条面积占稻田面积 2%～5% 的土池，用于暂养扣蟹。

2. 蟹种移养

待秧苗移植一周且禾苗成活返青后，可将暂养池与土池挖通，并用微流水刺激，促进扣蟹进入大田生长，这种方法通常称为稻田二级养蟹法。利用此种方法可以有效地提高河蟹成活率，也能促进河蟹适应新的生态环境。

3. 投饵管理

稻田养成蟹，一般以人工投饵为主，饵料种类较多，有天然饵料（如稻田中的野草、昆虫）、人工投喂饵料（如野杂鱼虾）、配合颗粒饲料及投喂的浮萍、水草等。日投饵量应保持在 5%～7% 左右，饵料主要投喂在环形沟边。

4. 捕捞

稻田养蟹的捕捞时间以 10～12 月为宜，可采用夜晚岸边捉捕法、灯光诱捕法、地笼张捕法，最后放干田水挖捕。

五、 当年蟹苗养成蟹

由于当年蟹苗养殖成蟹规格小、口感差、价格低、效益不好，近年来已经逐渐被淘汰。其养殖方法及步骤如下：

1. 蟹苗的培育

蟹苗的培育主要是选购大眼幼体温棚强化培育成Ⅳ～Ⅴ期幼蟹，关键技术是做好"双控"工作：一是抓好控温保温工作，采用双层塑料薄膜保温，使培育期的温度保持在 20～22℃左右；二是做好饵料的调控工作，刚变态时饵料宜少而精，只占蟹苗体重的 15%～20%左右，不能多喂，否则易腐败水质，进入Ⅰ期变态后投饵率可上升至 100%～150%。另外，水质的调控、氧气的充足、水草的保证、天敌的清除也要抓好。购苗时间宜在 3 月中下旬，过早成活率太低，影响效益；过晚当年养成的河蟹规格太小，没有市场。

2. 蟹苗的移养

通常在 5 月上中旬即可将Ⅴ期幼蟹移养到大田中强化饲养。由于幼蟹娇嫩，起捕时要小心操作，可采用草把聚捕与微流水刺激相结合的方法，经过多次捕捞后可以起捕 95%左右的幼蟹。

3. 强化培育

幼蟹进入大田后生长处于关键时期，要加强饵料的供应，确保质量，尤其是蛋白质含量要充足，田内水草要丰富，水质要清新。

4. 收获

收获时间以 10～12 月为宜，方法与扣蟹养殖成蟹的捕捞方法一样。由于受市场冲击较大，建议这种小规格的河蟹起捕后最好在专池中暂养，待价而沽。

六、 管理措施

1. 水位调节

稻田养蟹的水位调节主要是前期水位宜浅，保持在 10 厘米左右；后期宜深，保持在 20～25 厘米左右。在水稻有效分蘖期采取浅灌，保证水稻的正常生长；进入水稻无效分蘖期，水深可调节到 20 厘米，既增加河蟹的活动空间，又促进水稻的增产，夏季每隔 3～5 天换冲水一次，每次换水量为田间水位的 1/4～1/3。

2. 施肥

养蟹稻田一般以施基肥为主，每亩施农家肥 300 千克、尿素 20 千克、过磷酸钙 20～25 千克、硫酸钾 5 千克。放蟹后一般不施追肥，以免降低田中水体溶氧，影响河蟹特别是蟹种的正常生长。如果发现脱肥，可少量追施尿素，每亩不超过 5 千克。施肥的方法是：先排浅田水，让蟹集中到蟹沟中再施肥，这样有助于肥料迅速沉积于底泥中并为田泥和禾苗吸收，随即加深田水到正常深度；也可采取少量多次、分片撒肥或根外施肥的方法。

3. 施药

稻田养蟹特别是成蟹养殖能有效地抑制杂草生长；河蟹摄食昆虫，可降低病虫害，所以要尽量减少除草剂及农药的施用。在插秧前用高效低毒农药封闭除草，蟹种入池后，若再发生草荒，可人工拔除。如果确因稻田病害或蟹病严重需要用药时，应掌握以下几个关键：①科学诊断，对症下药；②选择高效低毒低残留农药；③由于蟹是甲壳类动物，也是无血动物，对含磷药物、菊酯类和拟菊酯类药物特别敏感，因此应慎用敌百虫、甲胺磷等药物，禁用敌杀死等；④喷洒农药时，一般应加深田水，降低药物浓度，减少药害，也可放干田水再用药，待八小时后立即上水至正常水位；⑤粉剂药物应在早晨露水未干时喷施，水剂和乳剂药应在下午喷洒；⑥降水速度要缓，等蟹爬进蟹沟后再施药；⑦可采取分片分批的用药方法，即先施一半稻田，过两天再施另一半，同时要尽量避免农药直接落入水中，保证河蟹的安全。

4. 晒田

水稻生长过程中必须晒田，以促进水稻根系的生长发育，控制无效分蘖，防止倒伏，夺取高产。解决河蟹与水稻晒田矛盾的措施是：缓慢降低水位至田面以下 5 厘米处，轻烤快晒，2～3 天后即可恢复正常水位。

5. 病害

对于河蟹的病害采取"预防为主"的科学防病措施。常见的敌害有水蛇、老鼠、黄鳝、泥鳅、克氏原螯虾、水鸟等，应及时采取有效措施驱逐或诱灭敌害。蟹病主要有抖抖病、蜕壳不遂、黑鳃病、烂鳃病、腹水、肠炎等病。预防措施主要有：勤换水，保持水质清新；多种水草，模拟天然环境；科学投饵，增强体质等。一旦发病，治疗时要对症下药、科学用药、及时用药。

6. 收获

稻谷收获一般采取收谷留桩的办法，然后将水位提高至 40～50 厘米，并适当施肥，促进稻桩返青，为河蟹提供庇荫场所及天然饵料来源，成蟹收获宜在 11 月前后，蟹种收获在春节前后进行。

第十二节　稻田养鳖

一、 选择田块

适宜的田块是稻田养殖鳖高产高效的基本条件。要选择地势较洼，注排水方便、面积 5～10 亩的连片田块，水源要保证充足，这是鳖养殖的物质基础。可在水质良好无污染、排灌方便、不易遭受洪涝侵害且旱季有水可供的地方进行稻田养鳖，土质以壤土、黏土为宜，一般选在沿湖、河两岸的低洼地、滩涂地或沿库下游的宜渔稻田均可。要求养鳖稻田进排水有独立的渠道，与其他养殖区的水源要分开。

二、 开挖田间沟

这是科学养鳖的重要技术措施，稻田因水位较浅，夏季高温对鳖的影响较大，因此必须在稻田四周开挖环形沟。由于鳖的摄食量大，残饵、排泄物过多，加上鳖的活动量大，沟、溜极易被堵塞，使沟、溜内的水位降低，影响鳖的生长发育，因此在保证水稻不减产的前提下，应尽可能地扩大鱼沟和鱼溜面积，最大限度地满足鳖的生长需求。鱼沟的位置、形状、数量、大小应根据稻田的自然地形和稻田面积的大小来确定。一般来说，面积比较小的稻田，只须在田头四周开挖一条鱼沟即可；面积比较大的稻田，可每间隔 50 米左右在稻田中央多开挖几条鱼沟，当然周边沟较宽些，田中沟可以窄些。靠田中间建一个长 5 米、宽 1 米的产卵台，可用土堆成，田边做成 45°斜坡，台中间放上沙土，以利雌鳖产卵。土质以壤土、黏土为宜。

为了保证养殖鳖的稻田达到一定的水位，防止田埂渗漏，增加鳖活动的立体空间，有利于鳖的养殖，提高它的产量，就必须加高、加宽、加固田埂。可将开挖环形沟的泥土垒在田埂上并夯实，确保田埂高达 1.0～1.2 米，宽 1.5～2 米，并打紧夯实，要求做到不裂、不漏、不垮，在满水时不能崩塌跑鱼。如果条件许可，可以在防逃网的内侧种植一些黑麦草、南瓜、黄豆等植物，既可以为周边沟遮阳，又可以利用其根系达到护坡的目的。

三、 做好防逃措施

① 搞好进排水系统，稻田的进排水口尽可能设在相对应的田埂两端，便于水均匀畅通地流经整块稻田，在进排水口处安装坚固的拦鱼设施，拦鱼设施可用铁丝网、竹条、柳条等材料制成。拦鱼栅应安装成圆弧形，凸面正对水流方向，即进水口弧形凸面面向稻田外部，排水口则相反。拦鱼栅孔大小以不阻水、不逃鱼为度，并用密眼铁丝网罩好，以防逃鳖。

② 稻田四周最好构筑 150 厘米左右的防逃设施，先将稻田田埂加宽至 1 米，高出水面 0.5 米以上，再用高 180 厘米的网做成防逃设施，要求将网插入泥中 20 厘米左右且围护在田埂四周，每隔 100 厘米处用一木桩固定，最后在网的最上面用农膜或塑料布缝好，可以有效地防止鳖逃走。这种设施造价低，防逃效果好。

四、 选好水稻品种

这是水稻丰收的保证，选择生长期较长、株形紧凑、茎秆粗壮、分蘖力中等、抗倒伏、抗病虫害、耐湿性强、适性较强的水稻品种，常用的品种有汕优系列、武育粳系列、协优系列等。在养鳖的稻田里，水稻的种植密度与养殖的鳖的规格有密切关系，如果是养殖商品鳖的稻田，亩插6000～8000丛，每丛1～2株，也就是说每亩可栽培10000～16000株；如果是养殖稚鳖的稻田，亩插4000～5000丛，每丛1～2株，也就是说每亩可栽培5000～10000株；如果是养殖亲鳖的稻田，亩插3000～5000丛，每丛1～2株，也就是说每亩可栽培4000～9000株。

由于鳖的活动能力非常强，而且它自身的体重也比一般的蛙、虾要重得多，因此养鳖稻田秧苗的栽插时间与行距也有一定的讲究。养鳖稻田秧苗的栽插时间和其他稻田一样，品种应选择抗病力强、产量高的杂交稻或粳稻品种。栽插时，株距18厘米，小行距20厘米，大行距以便于鳖在秧苗行距中爬行活动为宜，通常为35厘米。当水稻秧苗活棵后，田间水位应保持在10厘米左右，高温季节还应加深至12厘米。

五、 鳖的放养

1. 选好鳖种苗

根据当地的条件来选择适合自己养殖的鳖品种，苗种应选用经国家审定的新品种、优质良种，在我国大部分的水稻产区，建议放养中华鳖，具体的不同地方可以放养当地的地理品系，在热带地区，可以选择放养泰国鳖。

2. 放养时间

亲鳖的放养时间为3～5月，早于水稻插秧，应先限制鳖在沟坑中；幼鳖的放养时间为5～6月，在插秧20天之后进行；稚鳖的放养时间为7～9月，直接放稻田里。适宜投放的具体时间选择气温在25℃、水温在22℃的晴天。同时，每亩可混养1千克的抱卵青虾或2万尾幼虾苗，也可每亩混养20尾规格为5～8尾/千克的异育银鲫。要求选择健壮无病的鳖入田，避免患病鳖入田引发感染，因面积大防治较困难。鳖的苗种入池时，应用3%～5%的食盐水浸洗消毒，减少外来病原菌的侵袭。在秧苗成活前，宜将鳖苗种放在鱼沟、鱼溜中暂养，待秧苗返青后，再放入稻田中饲养。

3. 放养规格和密度

根据稻田的生态环境，确定合理的放养密度。一些稻田养殖的生产实践表明，150克以上（一冬龄）的幼鳖每亩放养200～500只；50～150克的鳖每亩放养1300～2000只；4克以上的稚鳖每亩放养5000只以上；对于3龄以上的亲鳖每亩的放养量为50～200只，少了效益差，多了技术难以跟上。由于太小的鳖苗对环境的适应能力不足，对自身的保护能力也不足，因此建议个体太小的幼鳖最好不作为稻田养殖对象，可在温室里养殖一个冬季，到第2年4月再投放到稻田里。

投放前应做好稻田循环沟、投喂场、幼鳖的消毒工作，幼鳖要求无伤无病，体质健壮，且大小基本一致，以防因饲料短缺互相残杀。

4. 放养技巧

鳖在放养时要做好以下几点工作：①鳖苗种质量要保证，即放养的小鳖要求体质健壮、无病、无伤、无寄生虫附着，最好达到一定规格，确保能按时长到上市规格；②做到适时放养，根据鳖的生活特性，鳖苗种放养一般在晚秋或早春，水温达到10～12℃时放养；③放养密度合理，根据稻田的生态环境，确定合理的放养密度；④放养前要注意消毒，可用5%的食盐水溶液消毒10分钟后再放入稻田里。

六、 科学投饵

这是稻田生态养鳖的技术措施，稻田中常常伴有昆虫发生，还有水生小动物供鳖摄食，其他的有机质和腐殖质非常丰富，所培育的天然饵料非常丰富，一般少量投饵便可满足鳖的摄食需要，投饵讲究"五定、四看"投饵技术，即定时、定点、定质、定量、定人，看天气、看水质变化、看鳖摄食及活动情况、看生长态势。投饵量采取"试差法"来确定，一般日投饵量控制在鳖体重的2%即可。如在稻田内预先投放一些田螺、泥鳅、虾类等，这些动物可不断繁殖后代供鳖自由摄食，节省更多饲料。还可在稻田内放养一些红萍、绿萍等小型水草供鳖食用。

七、日常管理

1. 安全度夏

夏秋季节，由于稻田水位较浅，水温过高，加上鳖排泄物剧增，水质易污染并导致缺氧，稍有疏忽就会出现鳖的大批死亡，给稻田养鳖造成损失。因此安全度夏是稻田养殖的关键所在，也是保证鳖回捕率的前提，稻田水位低、水温高，而且水温变化幅度大，容易导致水质恶化。比较实用有效的度夏技术主要有：

① 搭好凉棚。夏秋季节，为防止水温过高而影响鳖正常生长，田边可种植陆生经济作物如豆角、丝瓜等。

② 沟中遍栽苦草、菹草、水花生等水草。

③ 田面多投水浮莲、紫背浮萍等水生植物，这些水持植物既可作为鳖的饵料，又可起到遮阳避暑的作用。

④ 勤换水，定期泼洒石灰浆，生石灰用量为每亩5～10千克。

⑤ 雨季来临时做好平水缺口的护理工作，做到旱不干、涝不淹。

⑥ 烤田时要遵循"轻烤慢搁"的原则，缓慢降水，做到既不影响鳖的生长，又要促进稻谷的有效分蘖。

⑦ 在双季连作稻田间套养鳖时，头季稻收割适逢盛夏，收割后对水沟要遮阴，可就地取材把鲜稻草扎把后扒盖在沟边，以免烈日引起水温超出42℃而烫死鳖。

⑧ 保持稻田水位，稻田水位的深浅直接关系到鳖生长速度的快慢。如水位过浅，易引起水温发生突变，导致鳖大批死亡。因此，稻田养鳖的水位要比一般稻田高出10厘米以上，并且每2～3天灌注新水一次，以保证水质的新鲜、爽活。

2. 水位控制

水位可经常保持田间板面水深3～10厘米左右，原则上不干、沟内有水即可。

3. 防病

在稻田中养殖鳖，由于密度低，一般较少有病。为了预防疾病，可每半月在饲料中拌入草药防治肠胃炎，如铁苋菜、马齿苋、地锦草等。

4. 越冬

每年秋收后，可起捕出售，也可转入池内或室内饲养让其越冬。

第六章

稲田养鱼的管理

第一节 稻田的水质管理

鱼在稻田中的生活、生长情况是通过水环境的变化来反映的，水是养鱼的载体，各种养鱼的措施也都是通过水环境作用于鱼的。因此，水环境成了养鱼者和鱼之间的"桥梁"，是养殖成败的关键因素。人们研究和处理养鱼生产中的各种矛盾，主要从鱼的生活环境着手，根据鱼对水质的要求，人为地控制稻田的水质，使它符合鱼生长的需要。水环境不适宜，鱼便不能很好地生长，甚至影响其成活。

一、 水位调节

水位调节是稻田养鱼过程中的重要一环，应以水稻为主，免耕稻田前期渗漏比较严重，秧苗入泥浅或不入泥，大部分秧苗倾斜、平躺在田面，以后根系的生长和分布也较浅，对水位要求极为敏感，因此在水位管理上要掌握勤"灌浅灌、多露轻晒"的原则。为了保证水源的质量，同时为了保证成片稻田养鱼时不相互交叉感染，要求进水渠道最好是单独专用的。

1. 立苗期

抛秧后 5 天左右是秧苗的扎根立苗期，应在泥皮水抛秧的基础上，继续保持浅水，水位保持在 10 厘米左右，以利早立苗。如遇大雨，应及时将水排干，以防漂秧。此时期若灌深水，则易造成倒苗、漂苗，不利于扎根；若田面完全无水易造成叶片萎蔫，根系生长缓慢。这一阶段的鱼可以暂时不放养，也可以在稻田的一端进行暂养，或者放养在田间沟里，具体的方法各养殖户可根据自己的实际情况灵活掌握。

2. 分蘖期

抛秧后 5～7 天，一般秧苗已扎根立苗，并渐渐进入有效分蘖期，此时可以放养鱼，田水宜浅，一般水层可保持在 10～15 厘米。始蘖至够苗期，应采取薄水促分蘖，切忌灌深水，保证水稻的正常生长。

3. 孕穗至抽穗扬花期

这一阶段也是鱼的生长旺盛期，鱼的生长和水稻的抽穗、扬花、灌浆均需大量水。在幼穗分化期后保持湿润，在花粉母细胞减数分裂期要灌深水养穗，严防缺水受旱。可将田水逐渐加深到 20～25 厘米，以确保两者（鱼和水稻）需水量的有机平衡。在抽穗开始后，田中保持浅水层，可慢慢地将水深再调节到 20 厘米以下，既增加鱼的活动空间，又促进水稻的增产，使抽穗快而整齐，并有利于开花授粉。同时，还应注意观察田间沟的水质变化，在条件许可时，一般每 3～5 天换冲水一次；盛夏季节，每 1～2 天换冲新水，以保持田水清新。

4. 灌浆结实期

灌浆期间采取湿润灌溉，保持田面干干湿湿至黄熟期，注意不能过早断水，以免影响结实率和千粒重。

根据免耕抛秧稻分蘖较迟、分蘖速度较慢、够苗时间比常耕抛秧稻迟 2～3 天、高峰苗数较低、成穗率较高的生育特点，应适当推迟控苗时间，采取多露轻晒的方式露晒田。

二、 全程积极调控水质

水是鱼赖以生存的环境，也是疾病发生和传播的重要途径，因此稻田水质的好坏直接关系到鱼的生长快慢、疾病的发生和蔓延。除了正常的农业用水外，在鱼整个养殖过程中水质调节非常重要，应做到以下几点：

1. 调节 pH 值

定期泼洒石灰浆，调节水的酸碱度，增加水体钙离子浓度。鱼喜栖居在微碱性水体中，为了保持养鱼的稻田溶氧量在 5 克/升以上，pH 值 7.5～8.5，在鱼的整个生长期间，每 10 天向田间沟用 10～15 千克生石灰（水深 1 米）化水全田均匀泼洒，使稻田里的水始终呈微碱性。

2. 适时加水、换水

从鱼苗种放养时 0.5~0.6 米始，随着水温的升高，视水草长势，每 10~15 天加注新水 10~15 厘米，早期切忌一次加水过多。5 月上旬前保持水位 0.7 米，7 月上旬前保持水位 1.2 米左右。在高温季节每天加水、换水一次，形成微水流，促进鱼的生长，先排后灌，换水时换水速度不宜过快，以免对鱼造成强刺激。在进水时用 60 目双层筛网过滤。

3. 做好底质调控工作

在日常管理中做到适量投饵，减少剩余残饵沉底；定期使用底质改良剂（如投放过氧化钙、沸石、光合细菌、活菌制剂等）。

三、 合理使用有益微生物制剂来调节水质

水质的调控主要是调好养殖期的水色及控制好水体中理化因子（氨氮、亚硝酸盐等）的含量。养殖期的水色以油绿色为好，养殖水体保持适量的浮游植物（单细胞藻类），对水体中产生的氨氮、亚硝酸盐等有害物质起到净化作用；同时，浮游植物又可作为幼虾幼蟹的天然饵料。

1. 有益微生物制剂调节水质的作用

为了控制好水中的氨氮等有害物质，养殖水体除了要培养好适量的藻类，还应培养有益的生物细菌如光合细菌、芽孢杆菌等，一方面可以吸收水中的有害物质，另一方面当有益细菌大量繁殖时可以抑制有害微生物的繁殖生长，促进有益微生物生长，对改良养殖水环境、保持水体微生态环境平衡、有效防止底质恶化、预防病原微生物增加起到重要作用。因此在鱼的养殖过程中，可以通过定期施放有益微生物制剂使田水保持自身微生态平衡，其所形成的菌落直接被鱼食用，能调节鱼肠道微生物生态菌群，提高鱼的免疫力、抗病力。维持稻田里稳定的浮游植物群落，吸收、转化鱼排泄物及池底有机残渣，产生的代谢物直接供浮游生物利用。

2. 有益微生物制剂的种类

养鱼时常用的有益微生物有一般芽孢杆菌、枯草芽孢杆菌、硝化与反

硝化细菌、酵母菌、放线菌、EM菌、光合细菌、蛭弧菌等。

（1）一般芽孢杆菌　高浓度芽孢杆菌繁殖速度极快，长期使用可使水质稳定，水体呈黄绿色，透明度高，氨氮、亚硝酸盐不超标。特点：它是一种厌氧菌，在使用时不需增氧，活菌作用时间长。

（2）枯草芽孢杆菌（俗称净水菌）　属于强有机质分解菌，能切断小分子氨、阻断 H_2S 的产生途径；硝化小分子的氨类，调节水体的菌相平衡和藻相平衡。长期使用时能快速降解富营养化水体，水呈黄绿色，透明度高，水体变瘦。特点：它是一种耗氧菌，在使用时需要开增氧机数小时，活菌作用时间长。

（3）硝化与反硝化细菌　直接参与水体氮化物硝化与反硝化过程，能迅速降解水体亚硝酸盐含量。特点：它是一种耗氧菌，在使用时需要开动增氧机数小时。

（4）酵母菌　能迅速发酵有机肥料及池底残渣，利用氨基酸、糖类及其他有机物质，产生促进其他有效微生物增殖所需要的代谢物直接供浮游生物利用，从而为它们提供给养保障，适合发酵有机肥、刺激活菌。长期使用水色茶色，有透明度。特点：它是一种厌氧菌，在使用时不需增氧。

（5）放线菌　它是一种厌氧菌，产生各种抗生物质，可以直接抑制病原菌，并能迅速促进绿藻大量繁殖，保持水质稳定，创造出其他有益微生物增殖的生存环境。放线菌和光合细菌混合，其抑菌作用会成倍增加。另外，被放线菌分解的物质容易被动物吸收，从而增强动物对各种病害的抵抗力和免疫力。

（6）EM菌原露　这是一类复合菌体，由光合细菌、乳酸杆菌、放线菌、芽孢杆菌、酵母菌等五大类数十种微生物组成。长期使用水质稳定，呈茶色或黄绿色，有透明度。

（7）蛭弧菌　能快速吞食水体中的弧菌，提高鱼体质。宜傍晚时间使用，长期使用水质稳定。特点：它是一种耗氧菌，使用时需开增氧机。活菌不适宜长时间保存，且作用周期短。

（8）光合细菌　直接促进池水浮游植物光合作用，增加水体溶氧。具有净化养殖水体、提高水质的作用，长期使用水质稳定，水色呈茶褐色，有透明度。特点：它是一种厌氧菌，使用无需开增氧机。活菌作用周期短。

（9）乳酸菌群　乳酸菌具有很强的杀灭病菌的能力，可抑制致病菌活动，有害线虫也逐渐消失。

（10）醋酸杆菌 它从光合细菌中摄取糖类固态物，一部分还给光合细菌，形成好气性和嫌气性细菌结构的共生态。

生物制剂通过有益微生物来净化水质和改良底质，其使用效果已被生产实践所证明，对发病较慢的鱼疾病预防效果更好。在鱼养殖过程中应根据不同的需要及时施用这些有益微生物制剂，将会让鱼生产取得事半功倍的效果。

3. 有益微生物制剂的使用方法

用 10 毫升/米^3 的生物制剂连续全池泼洒，10～20 天为一疗程，并用 5% 剂量的生物制剂拌饵投喂进行预防。

使用有益微生物制剂需要注意以下几点事项：①在使用前先用含氯消毒剂处理水质，杀灭有害细菌，2～3 天后再用 10 毫克/升生物制剂改良水质；②使用生物制剂必须有一定的浓度才有效，当养殖池中的生物制剂生物活性下降时应予以更新，用量为 10 毫升/米^3；③在稻田大量换水之后应及时补充泼洒生物制剂，以维持水体的优良水质；④要注意如果使用有益微生物制剂不久就泼洒消毒剂，将会造成有益微生物制剂失效。

第二节 稻田的底质管护

一、 底质对鱼生长和疾病的影响

在稻田里养殖的大部分鱼类是典型的底栖类生活习性，例如泥鳅、黄鳝、鲤鱼等，它们的生活生长都离不开底质，因此稻田底质尤其是田间沟底质的优良与否会直接影响鱼的活动能力，从而影响它们的生长、发育，甚至影响它们的生命，进而会影响养殖产量与养殖效益。

底质，尤其是长期养鱼的稻田底质，往往是各种有机物的集聚之所，这些底质中的有机质在水温升高后会慢慢地分解。在分解过程中，一方面会消耗水体中大量的溶氧来满足分解作用的需要；另一方面，在有机质分解后，往往会产生各种有毒物质，如硫化氢、亚硝酸盐等，结果就会导致鱼不能很好地适应这种环境，轻者会影响它们的生长发育，造成上市鱼的规格普遍偏小，价格偏低，养殖效益也会降低，严重的则会导致鱼中毒，甚至死亡。

二、底质不佳的原因

稻田田间沟底质变黑发臭的原因，主要有以下几点：

1. 清淤不彻底

在冬春季节清淤不彻底，田间沟里过多的淤泥没有及时清理出去，造成底泥中的有机物过多，这是底质变黑的主要原因之一。

2. 田间沟设计不科学

一些养鱼的稻田设计不合理，田间沟的开挖不科学，有的养殖户为了夏季蓄水或者是考虑到鱼度夏的需求，部分田间沟开挖得较深，上下水体形成了明显的隔离层，造成田间沟的底部长期缺氧，从而导致一些嫌气性细菌大量繁殖，水体氧化能力差，水体中有毒有害物质增多，底质恶化，造成底部有臭气。

3. 投饵不讲究

一些养殖户投饵不科学，饲料利用率较低，长期投喂过量的或者是投喂蛋白质含量过高的饲料，这些过量的饲料并没有被鱼及时摄食利用，从而沉积在底泥中；另外，鱼新陈代谢产生的大量粪便也沉积在底泥中，为病原微生物的生长繁殖提供了条件。这些微生物消耗稻田水体中大量的氧气，同时还分解释放出大量的硫化氢、沼气、氨气等有毒有害物质，使底质恶臭。

4. 青苔影响底质

在养殖前期，由于青苔较多，许多养殖户会大量使用药物来杀灭青苔，这些死亡后的青苔并没有被及时地清理或消解，而是沉积于底泥中；另外在养殖中期，鱼会不断地摄食稻田里的水草，这些被鱼弄碎且没有吃掉的水草和青苔以及其他水生生物的尸体一起沉积于底泥中，随着水温的升高，这些东西会慢慢地腐烂，从而加速底质变黑发臭。

三、 底质与疾病的关联

在淤泥较多的田间沟中，有机质的氧化分解会消耗掉底层本来并不多的氧气，造成底部处于缺氧状态，形成所谓的"氧债"。在缺氧条件下，嫌气性细菌大量繁殖，分解田间沟底部的有机物质而产生大量有毒的中间产物，如 NH_3、NO_2、H_2S、有机酸、低级胺类、硫醇等。这些物质大都对鱼有着很大的毒害作用，并且会在水中不断积累，轻则会影响鱼的生长，饵料系数增大，养殖成本升高，重则会提高鱼对细菌性疾病的易感性，导致鱼中毒死亡。

另外，当底质恶化，有害菌会大量繁殖，水中有害菌的数量达到一定峰值时，鱼就可能发病，如肠炎等。

四、 科学改底的方法

1. 用微生物或益生菌改底

提倡采用微生物或益生菌来进行底质改良，达到养底护底的效果。充分利用复合微生物中的各种有益菌的功能优势，发挥它们的协同作用，将残饵、排泄物、动植物尸体等使底质变坏的隐患及时分解消除，可以有效地养护底质和水质，同时还能有效地控制病原微生物的蔓延扩散。

2. 快速改底

快速改底可以使用一些化学产品混合而成的改底产品，但是从长远的角度来看，还是尽量不用或少用化学改底产品，建议使用微生物制剂的改底产品，通过有益菌如光合细菌、芽孢杆菌等的作用来达到改底的目的。

3. 间接改底

在鱼养殖过程中，一定要做好间接护底的工作，可以在饲料中长期添加大蒜素、益生菌等微生物制剂，因为这些微生物制剂是根据动物正常的肠胃菌群配制而成，利用益生菌代谢的生物酶补充鱼体内的内源酶的不足，促进饲料营养的吸收转化，降低粪便中有害物质的含量，排出来的芽孢杆菌又能净水，达到水体稳定、及时降解的目的，全方面改良底质和水质。这种方法不仅能降低鱼的饵料系数，还能从源头上解决鱼排泄物对底质和水质的污染，节约养殖成本。

4. 采用生物肥培养有益藻类

定向培养有益藻类，适当施肥并防止水体老化。养殖稻田不怕"水肥"，而是怕"水老"，因为"水老"藻类才会死亡，才会出现"水变"，"水肥"不一定"水老"。可以定期使用优质高效的水产专用肥来保证肥水效率，如生物肥水宝、新肽肥等。这些肥水产品都能被藻类及水产动物吸收利用，不污染底质。

五、 养鱼中后期底质的养护与改良

鱼养到中后期，投喂量逐步增加，鱼吃得多，拉得也多，因此其排泄物越来越多，加上多种动植物的尸体累加沉积在田间沟的底部，沟底的负荷逐渐加大。对这些有机物如果不及时采取有效的措施进行处理，会造成底部严重缺氧，这是因为这些有机物的腐烂至少要耗掉总溶氧的50％以上，在厌氧菌的作用下，就更容易发生底部泛酸、发热、发臭，滋生致病菌。另外在这种恶劣的底部环境中，一些致病菌特别是弧菌容易大量繁殖，从而导致鱼的活力减弱，免疫力下降，这些底部的细菌和病毒交叉感染，使鱼容易暴发细菌性与病毒性并发症等。这些危害的后果是非常大、非常严重的，应引起养殖户的高度重视。

因此在鱼养殖一个月后，就要开始对田间沟底质做一些清理隐患的工作。所谓隐患，是指剩余饲料、粪便、动植物尸体中残余的营养成分。消除的方法就是使用针对残余营养成分中的蛋白质、氨基酸、脂肪、淀粉等进行培养驯化的具有超强分解能力的复合微生物底改与活菌制剂，如一些市售的底改王、水底双改、黑金神、底改净、灵活100、新活菌王、粉剂活菌王等，既可避免底质腐败产生很多有害物质，又可抑制病原菌的生长繁殖。同时还可以将这些有害物质转化成藻类的营养盐供藻类吸收，促进有益藻类的生长。

第三节　水稻与鱼的共管

一、科学施肥

　　稻田肥料施用量和施肥方法选择，要根据稻田表土层富集养分、下层养分较少的养分分布特点和免耕抛秧稻扎根立苗慢、根系分布浅、分蘖稍迟、分蘖速度较慢、分蘖节位低、够苗时间较迟、苗峰较低等生育特点进行。我们在进行稻田养鱼时，稻田一般以施基肥和腐熟的农家肥为主，基肥要足，促进水稻稳定生长，保持中期不脱力、后期不早衰、群体易控制。在抛秧前2～3天施用，采用有机肥和化肥配合施用的增产效果最佳，且兼有提高肥料利用率、培肥地力、改善稻米品质等作用，每亩可施农家肥300千克、尿素20千克、过磷酸钙20～25千克、硫酸钾5千克。如果是采用复合肥作基肥的每亩可施15～20千克。

　　在插秧前一次施入耕作层内，放养鱼后一般不施追肥，以免降低田中水体溶氧，影响鱼的正常生长。如果发现稻田脱肥，可少量追施尿素，采取勤施薄施方式，每亩不超过5千克，或用复合肥10千克/亩，或用人、畜粪堆制的有机肥，以达到促分蘖、多分蘖、早够苗的目的，追肥要对鱼无不良影响，禁止使用对鱼有害的化肥，如氨水和碳酸氢铵等。原则是"减前增后，增大穗、粒肥用量"，要求做到"前期轰得起（促进分蘖早生快发，及早够苗），中期控得住（减少无效分蘖数量，促进有效分蘖生长），后期稳得起（养根保叶促进灌浆）"。施肥的方法是先排浅田水，让鱼集中到田间沟中再施肥，有助于肥料迅速沉积于底泥中并为田泥和禾苗吸收，随即加深田水到正常深度；也可采取少量多次、分片撒肥或根外施肥的方法。在水稻抽穗期间，要尽量增施钾肥，可增强抗病力，防止倒伏，促进结实，成熟时秆青籽黄。

二、科学施药

　　一方面一些鱼对很多农药都很敏感，另一方面稻田养鱼能有效地抑制杂草生长，鱼能摄食昆虫，降低病虫害，所以要尽量减少除草剂及农药的施用。总而言之，稻田养鱼的原则是能不用药时坚决不用，需要用药时则选用高效低毒的农药以及生物制剂。鱼入田后，若再发生草荒，可人工拔除。如果确因稻田病害或鱼疾病严重需要用药时，应掌握以下几个关键：

① 科学诊断，对症下药；

② 选择高效低毒低残留农药；

③ 喷洒农药时，一般应加深田水，降低药物浓度，减少药害，也可放干田水再用药，待八小时后立即上水至正常水位；

④ 施农药时要注意严格把握农药安全使用浓度和用药技巧，确保鱼的安全，粉剂药物应在早晨露水未干时喷施，水剂和乳剂药应在下午喷洒；

⑤ 降水速度要缓，等鱼游进田间沟后再施药；

⑥ 可采取分片分批的用药方法，即先施稻田的一半，过两天再施另一半，同时尽量要避免农药直接落入水中，保证鱼的安全；

⑦ 由于虾蟹类是甲壳类动物，也是无血动物，对含磷药物和菊酯类、拟菊酯类药物特别敏感，因此养植虾蟹慎用敌百虫、甲胺磷等药物，禁用敌杀死等药，以免对虾蟹类造成危害。

对于水稻的虫害，基本上是不用防治的，鱼可以吞食部分害虫作为饵料来源，但是对于水稻特有的一些疾病，还是要积极预防和治疗的。在分蘖至拔穗期，每亩用 25 克 20％井冈霉素可湿性粉剂 2000 倍液喷雾，预防纹枯病；同期每亩用 100 克 20％三环唑可湿性粉剂 500 倍液或用 50％消菌灵 40 克加水喷雾，防治稻瘟病；水稻拔节后，每亩用 20％粉锈宁乳油 100 毫升 1500 倍液或用增效井冈霉素 250 克加水喷雾，防治水稻叶尖枯病、稻曲病、云形病等后期叶类病害。

三、 科学晒田

水稻在生长发育过程中的需水情况是在变化的，稻田养鱼，养鱼的需水与水稻的需水是主要矛盾。田间水量多，水层保持时间长，对鱼的生长是有利的，但对水稻生长却是不利的。农谚对水稻用水进行了科学的总结，那就是"薄水浅栽、深水活棵、浅水分蘖、脱水晒田、复水长粗、间歇灌水孕穗、厚水抽穗、湿润灌浆、干湿交替以湿为主到成熟"。具体来说，就是当秧苗在分蘖前期湿润或浅水干湿交替灌溉促进分蘖早生快发；到了分蘖后期"够苗晒田"，即当全田总苗数（主茎＋分蘖）达到每亩 15 万～18 万棵时排水晒田，对长势很旺或排水困难的田块，应在全田总苗数达到每亩 12 万～15 万棵时开始排水晒田；到了稻穗分化至抽穗扬花时，可采取浅水灌溉促大穗；最后在灌浆结实期时，可采用干干湿湿交替灌溉、养根保叶促灌浆的技术措施。

因此，有经验的老农常常会采用晒田的方法来抑制无效分蘖，促进根系的生长，健壮茎秆，防止后期倒伏。一般是当茎蘖数达计划穗数的80%～90%时开始自然落干晒田，但是这时的水位很浅，这对养鱼是非常不利的，因此，做好稻田的水位调控工作是非常有必要的。生产实践中对此有一条经验，那就是"平时水沿堤，晒田水位低，沟溜起作用，晒田不伤鱼"。晒田前，要清理鱼的沟溜，严防田间沟里阻隔与淤塞。养鱼的稻田，为了保证鱼的生长觅食，晒田总的要求是轻晒或短期晒，晒田时，沟内水深保持在13～17厘米，使田块中间不陷脚，田边表土不裂缝和发白，以见水稻浮根泛白为度。晒田时间要尽量短，晒好田后，及时恢复原水位。尽可能不要晒得太久，以免鱼缺食太久影响生长，而且发现鱼有异常反应时，要立即注水。

四、 病虫害防治

1. 水稻的病害预防

水稻的病害预防主要是做好稻瘟病、纹枯病、白叶枯病、细菌性条斑病等的预防工作，所有的用药一定要用低毒高效的生化药物，不得用相关部门禁用的药物，以免毒杀稻田里的鱼。施药时要严格掌握安全使用浓度，确保鱼的安全，农药多喷入叶面和稻株，尽量不入水中；喷药时加深田水，可降低水中药物浓度；喷药宜在下午进行，用药后及时换一次新鲜水。

2. 水稻的虫害防治

水稻的虫害主要有三化螟、稻纵卷叶螟、稻飞虱等。对于稻田的虫害，可以减少施药次数，可在稻田里设置太阳台杀虫灯，利用物理方法杀死害虫，同时这些落到稻田里的害虫也是鱼的好饵料。现在正在稻田养鱼大力推广利用性引诱剂来灭杀害虫。在利用稻田养鱼时，特别要注意加强对三化螟的监测和防治，浸田用水的深度和时间要保证，尽量减少三化螟虫源；同时，防治螟虫要细致、彻底。

3. 稻田的草害

对于草害应根据草相选药防除。对以稗草、莎草、阔叶草为主的移栽大田，在栽后 7 天，亩用 14％乙苄可湿性粉剂 50 克，或 36％二氯苄可湿性粉剂 30～35 克，结合追施蘖肥同时进行。稻田里的一些嫩草被鱼吃掉，但稗草等杂草要用人工薅除。

4. 鱼的病害

对鱼病害的防治，在整个养殖过程中，应始终坚持"预防为主，治疗为辅"的原则。预防方法主要有清淤和消毒，苗种检疫和消毒，调控水质和改善底质。

在稻田里养鱼时，也会发生一些疾病，不可掉以轻心，因此要抓好定期预防消毒工作，在放苗前，稻田要进行严格的消毒处理，放养鱼苗种时用 5％食盐水浴洗 5 分钟，严防病原体带入田内，采用生态防治方法，严格落实"以防为主、防重于治"的原则。每隔 15 天用生石灰 10～15 千克/亩溶水全田间沟泼洒，可以达到防病治病的目的，还能调节水质。在夏季高温时，每隔 15 天，在饵料中添加多维、钙片等药物以增强鱼的免疫力。

5. 鱼的敌害

鱼常见的敌害有水蛇、青蛙、蟾蜍、水蜈蚣、老鼠、鸟等，应及时采取有效措施驱逐或诱灭这些敌害生物，平时及时做好灭鼠工作，春夏季需经常清除田内蛙卵、蝌蚪等。在放养鱼初期，稻株茎叶不茂，田间水面空隙较大，此时鱼的个体也较小，活动能力较弱，逃避敌害的能力较差，容易被敌害侵袭。到了收获时期，由于田水排浅，鱼有可能到处游动，目标会更大，也易被鸟、兽捕食。对此，要加强田间管理，并及时驱捕敌害，有条件的可在田边设置一些彩条或稻草人，恐吓、驱赶水鸟。另外，当鱼放养后，还要禁止家养鸭子下田沟，避免造成损失。

五、 稻谷收获后的稻桩处理

稻谷收获一般采取收谷留桩的办法，然后将水位提高至 40～50 厘米，并适当施肥，促进稻桩返青，为鱼提供庇荫场所及天然饵料来源；有的由于收割时稻桩留得低了一些，水淹的时间长了一点，导致稻桩会腐烂，这就相当于人工施了农家肥，可以提高培育天然饵料的效果，但要注意不能长期让水质处于过肥状态，可适当通过换水来调节。

第七章

稻田养鱼的疾病防治

第一节 稻田里常见鱼病的防治

一、 痘疮病

1. 症状特征

发病初期，体表或尾鳍上出现乳白色小斑点，覆盖着一层很薄的白色黏液；随着病情的发展，病灶部分的表皮增厚而形成大块石蜡状的"增生物"；这些增生物长到一定大小之后会自动脱落，而在原处再重新长出新的"增生物"。病鱼消瘦，游动迟缓，食欲较差，沉在水底，陆续死亡。

2. 预防措施

① 强化秋季培育工作，使鱼在越冬前增加肥满度，增强抗低温和抗病能力。

② 经常投喂营养全面的配合饵料，加强营养，增强抵抗力。

3. 治疗方法

① 用 20 毫克/升的三氯异氰尿酸浸洗鱼体 40 分钟。

② 遍洒三氯异氰尿酸，使水体呈 0.4～1.0 毫克/升的浓度，10 天后再施药 1 次。

③ 用 10 毫克/升浓度的溴氯海因浸洗鱼体后，再遍洒二氯异氰尿酸钠，使水体呈 0.5～1.0 毫克/升的浓度，10 天后再用同样的浓度遍洒。

二、 出血病

1. 症状特征

病鱼眼眶四周、鳃盖、口腔和各种鳍条的基部充血。如将皮肤剥下，肌肉呈点状充血，严重时体色发黑、眼球突出，全部肌肉呈血红色，某些部位有紫红色斑块，病鱼呆浮或沉底懒游。打开鳃盖可见鳃部呈淡红色或苍白色。轻者食欲减退，重者拒食、体色暗淡、清瘦、分泌物增加，有时并发水霉病、败血症而死亡。

2. 预防措施

① 幼鱼在培养过程中，适当稀养，保持田水清洁，对预防此病有一定的效果。

② 调节水质。4 月中旬开始，每隔 20 天用生石灰 20～25 千克/亩，7～8 月用漂白粉 1 毫克/升浓度全田遍洒，每 15 天进行一次预防，有一定作用。

3. 治疗方法

① 用溴氯海因 10 毫克/升浓度浸洗鱼体 50～60 分钟，再用三氯异氰尿酸 0.5～1.0 毫克/升浓度全田遍洒，10 天后再用同样浓度全田遍洒。

② 每吨饲料加氟哌酸 200 克，连喂 3～5 天；或每吨饲料加甲砜霉素 500～1000 克，连喂 3～5 天。

三、 细菌性败血症

1. 症状特征

患病早期及急性感染时，病鱼的上下颌、口腔、鳃盖、眼睛、鳍基及鱼体两侧均出现轻度充血，肠内尚有少量食物。当病情严重时，病鱼体表严重充血，眼眶周围也充血，眼球突出，肛门红肿，腹部膨大，腹腔内积有淡黄色或红色腹水。

2. 预防措施

① 彻底清田，严禁近亲繁殖，提倡就地培育健壮鱼种。

② 鱼种入田前严格实施鱼种消毒，可以采用浓度为 15～20 毫克/升的高锰酸钾水溶液浸泡 10～30 分钟；也可以采用浓度为 1～2 毫克/升的稳定性粉状二氧化氯水溶液浸泡 10～30 分钟。

3. 防治方法

① 投喂复方新诺明药物饲料，按 10 克/千克鱼体重的用药量，拌入

饲料内，制成药饵投喂，每天 1 次，连用 3 天为一个疗程。

② 泼洒优氯净使水体中的药物浓度达到 0.6 毫克/升或泼洒稳定性粉状二氧化氯，使水体中的药物浓度达到 0.2～0.3 毫克/升。

四、 溃疡病

1. 病症特征

病鱼游动缓慢，独游，眼睛发白，皮肤溃烂，溃疡损害只限于皮肤、骨骼和骨头。溃疡区多为圆形，直径达 1 厘米。

2. 预防措施

鱼入田前用 PVP-Ⅰ 20～30 毫克/升浸泡鱼体 5～10 分钟。

3. 治疗方法

① 在饵料中掺入 1%～3%庆大霉素或甲砜霉素、磺胺嘧啶，连续用药 5 天。

② 氟苯尼考、金霉素、土霉素、四环素等抗生素，每天每千克鱼体重用药 30～70 毫克制成药饵，连续投喂 5～7 天。

五、 白皮病

1. 症状特征

发病初期，在尾柄或背鳍基部出现一小白点，以后迅速蔓延扩大病灶，致使鱼的后半部全成白色。病情严重时，病鱼的尾鳍全部烂掉，头向下，尾朝上，身体与水面垂直，不久即死亡。

2. 预防措施

① 避免鱼体受伤。
② 用 1 毫克/升的漂白粉全池泼洒。

3. 治疗方法

① 用 2～4 毫克/升浓度的五倍子捣烂，用热水浸泡，连渣带汁泼洒全池。

② 用 2%～3% 食盐水浸洗病鱼 20～30 分钟。

③ 病鱼池泼洒 0.3～0.5 毫克/升二氧化氯。

六、 竖鳞病

1. 症状特征

病鱼体表肿胀粗糙，部分或全部鳞片张开似松果状，鳞片基部水肿充血，严重时全身鳞片竖立，用手轻压鳞片，鳞囊中的渗出液即喷射出来，随之鳞片脱落，后期鱼腹膨大，失去平衡，不久死亡。有的病鱼伴有鳍基充血，皮肤轻度充血，眼球外突；有的病鱼则表现为腹部膨大，腹腔积水，反应迟钝，浮于水面。

2. 预防措施

① 在捕捞、运输等操作过程中严防鱼体受伤，以免造成细菌感染。

② 定期向田中加注新水，保持优良的饲养水质。

3. 治疗方法

① 用浓度为 2% 的食盐溶液浸洗鱼体 5～15 分钟，每天 1 次，连续浸洗 3～5 次。

② 泼洒二氯异氰尿酸钠，水温在 20℃ 以下时，使水体中的药物浓度达到 1.5～2 毫克/升。

③ 用氟哌酸粉 0.1 克加庆大霉素 2 支，长时间药浴，尤其是在患病初期有效。

七、 皮肤发炎充血病

1. 症状特征

病鱼皮肤发炎充血，以眼眶四周、鳃盖、腹部、尾柄等处较常见，有时鳍条基部也有充血现象，严重时鳍条破裂。病鱼浮在水表或沉在水底部，游动缓慢，反应迟钝，食欲较差，重者导致死亡。

2. 预防措施

① 加强饲养管理是预防该病发生的关键，要投喂营养丰富的配合饲料，增强鱼的抗病力。

② 用二氧化氯或三氯异氰尿酸 20 毫克/升浓度浸洗鱼体，当水温 20℃ 以下时，浸洗 20～30 分钟；21～32℃ 时，浸洗 10～15 分钟，该法可以用作预防和早期的治疗。

3. 治疗方法

用二氧化氯或二氯异氰尿酸钠 0.2～0.3 毫克/升浓度全池遍洒。如果病情严重浓度可增加到 0.5～1.2 毫克/升，疗效更好。

八、 打印病

1. 症状特征

发病部位主要在背鳍和腹鳍以后的躯干部分，其次是腹部侧或近肛门两侧，少数发生在鱼体前部。病初先是皮肤、肌肉发炎，出现红斑，后扩大成圆形或椭圆形，边缘光滑，分界明显，似烙印，俗称"打印病"。随着病情的发展，鳞片脱落，皮肤、肌肉腐烂，甚至穿孔，可见到骨骼或内脏。病鱼身体瘦弱，游动缓慢，严重发病时，陆续死亡。

2. 预防措施

① 加强饲养管理，注意细心操作，避免鱼体受伤，可有效预防此病。

② 在发病季节用 1 毫克/升的漂白粉全田泼洒消毒。

3. 治疗方法

① 用 2.0～2.5 毫克/升溴氯海因浸洗。

② 发现病情时，及时用 1％三氯异氰尿酸溶液涂抹患处，并用相同的药物泼洒，使水体中的药物浓度达到 0.3～0.4 毫克/升。

九、 肠炎病

1. 症状特征

病鱼呆滞，反应迟钝，离群独游，鱼体发黑，行动缓慢、厌食、甚至失去食欲，鱼体发黑，头部、尾鳍更为显著，腹部膨大、出现红斑，肛门红肿，初期排泄白色线状黏液或便秘。严重时，轻压腹部有血黄色黏液流出。有时病鱼停在稻田角落不动，作短时间的抽搐至死亡。

2. 预防措施

① 饲养环境要彻底消毒，投放鱼种前用浓度为 10 毫克/升的漂白粉溶液浸洗饲养用具。

② 加强饲料管理，掌握投喂饲料的质量，忌喂腐败变质的饲料，在饲养过程中定期加注新水，保持水质良好。

3. 治疗方法

① 每升水用 1.2 克二氧化氯，将病鱼放在水中进行浸洗 10 分钟，用药 2～3 次，效果很好。

② 饲料中添加新霉素，每千克饲料添加 1.5 克，连喂 5～7 天。

③ 按每 10 千克鱼用辣蓼鲜草 200 克，每天一次，连续 3 天。

十、 黏细菌性烂鳃病

1. 症状特征

病鱼鳃部腐烂，带有一些污泥，鳃丝发白，有时鳃部尖端组织腐烂，造成鳃边缘残缺不全；有时鳃部某一处或多处腐烂，不在边缘处。鳃盖骨的内表皮充血发炎，中间部分的表皮常被腐蚀成一个略呈圆形的透明区，露出透明的鳃盖骨，俗称"开天窗"。由于鳃部组织被破坏造成病鱼呼吸困难，常游近水表呈浮头状；行动迟缓，食欲不振。

2. 预防措施

① 在发病季节每月全田遍洒石灰浆 1～2 次，保持田水 pH 值为 8 左右。

② 定期将乌桕叶扎成小捆，放在田中沤水，隔天翻动一次。

3. 治疗方法

① 及时采用杀虫剂杀灭鱼体鳃上和体表的寄生虫。

② 用漂白粉 1 毫克/升浓度全田遍洒。

③ 用中药大黄 2.5～3.75 毫克/升浓度，每 0.5 千克大黄（干品）用 10 千克淡的氨水（0.3％）浸洗 12 小时后，大黄溶解，连药液、药渣一起全田遍洒。

十一、 小爪虫病

1. 症状特征

患病初期，病鱼胸鳍、背鳍、尾鳍和体表皮肤均有大量小爪虫密集寄生时形成的白点状囊泡，严重时全身皮肤和鳍条满布着白点和盖着白色的黏液。后期体表如同覆盖一层白色薄膜，黏液增多，体色暗淡无光。病鱼身体瘦弱，聚集在鱼缸的角上、水草、石块上互相挤擦，鳍条破裂，鳃组织被破坏，食欲减退，常呆滞状漂浮在水面不动或缓慢游动，终因呼吸困难死亡。

2. 预防措施

① 在放鱼前用生石灰彻底消毒稻田。

② 加强饲养管理，增强鱼体免疫力。

3. 治疗方法

① 用福尔马林 2 毫克/升浸洗鱼体，水温 15℃ 以下时浸洗 2 小时；水温 15℃ 以上时，浸洗 1.5～2 小时，浸洗后在清水中饲养 1～2 小时，使死掉的虫体和黏液脱落。

② 用冰醋酸 167 毫克/升浸洗鱼体，水温在 17～22℃ 时，浸洗 15 分钟。相隔 3 天再浸洗一次，3 次为一疗程。

十二、 车轮虫病

1. 症状特征

车轮虫主要寄生于鱼鳃、体表、鱼鳍或者头部。大量寄生时，鱼体出现一层白色物质，虫体以附着盘附着在鱼体上，不断转动，虫体的齿钩能使鳃上皮组织脱落、增生、黏液分泌增多，鳃丝颜色变淡、不完整，病鱼体发暗，消瘦，失去光泽，食欲不振，甚至停食，游动缓慢或失去平衡，常浮于水面。

2. 防治措施

① 合理施肥，放养前用生石灰消毒稻田。

② 用 1 毫克/升 $CuSO_4$ 溶液浸泡病鱼 30 分钟，水温降至 1℃时，浓度增加至 8 毫克/升。

3. 治疗方法

用 25 毫克/升福尔马林药浴处理病鱼 15～20 分钟或福尔马林 15～20 毫克/升全田泼洒。

十三、 黏孢子虫病

1. 症状特征

鱼体的体表、鳃、肠道、胆囊等器官能形成肉眼可见的大白色孢囊，使鱼生长缓慢或死亡。严重感染时，胆囊膨大而充血，胆管发炎，孢子阻塞胆管。鱼体色发黑，身体瘦弱。

2. 预防措施

① 用生石灰彻底消毒稻田，125 千克/亩。

② 放养前用 500 毫克/升的高锰酸钾浸洗鱼体 30 分钟。

③ 发现病鱼应及时清除，并深埋于远离水源的地方。

3. 治疗方法

① 0.5～1 毫克/升敌百虫全田泼洒，两天为一个疗程，连用两个疗程。

② 亚甲基蓝 1.5 毫克/升，全田泼洒，隔天再泼一次。

③ 饲养容器中遍洒福尔马林，使水体中的药物浓度达到 30～40 毫

克/升，每隔 3～5 天一次，连续 3 次。

十四、 碘泡虫病

1. 症状特征

碘泡虫在病鱼各个器官中均可见到，但主要寄生在脑、脊髓、脑颅腔的淋巴液内。病鱼极度消瘦，体色暗淡丧失光泽，尾巴上翘，在水中狂游乱窜，打圈子或钻入水中复又起跳，似疯狂状态，故称"疯狂病"。病鱼失去正常活动能力，难以摄食，终致死亡。

2. 预防措施

① 在放养鱼苗种之前，要对饲养环境进行彻底的消毒。125 千克/亩的生石灰彻底消毒稻田杀灭淤泥中的孢子，减少病原的流行。
② 加强对水体的消毒，以防随水进入的碘泡虫感染鱼。

3. 治疗方法

鱼种放养前，用 500 毫克/升高锰酸钾充分溶解后，浸洗鱼种 30 分钟，能杀灭 60%～70%的孢子。

十五、 打粉病

1. 症状特征

发病初期，病鱼拥挤成团，或在水面形成环游不息的小团。病鱼初期体表黏液增多，背鳍、尾鳍及体表出现白点，白点逐渐蔓延至尾柄、头部和鳃内。继而白点相接重叠，周身好似穿了一层白衣。病鱼早期食欲减退，呼吸加快，口不能闭合，有时喷水，精神呆滞，腹鳍不畅，很少游动，最后鱼体逐渐消瘦，呼吸受阻导致死亡。

2. 预防措施

① 注意饲养过程中适宜的放养密度，平日多投喂配合饵料，增强鱼

的抵抗力。

②　将病鱼转移到微碱性水质（pH 为 7.2～8.0）的鱼池（缸）中饲养。

3. 治疗方法

①　用生石灰 5～20 毫克/升浓度全田遍洒，既能杀灭嗜酸性卵甲藻，又能把田水调节成微碱性。

②　用碳酸氢钠（小苏打）10～25 毫克/升全田遍洒。

十六、　水霉病

1. 症状特征

病鱼体表或鳍条上有灰白色如棉絮状的菌丝。水霉从鱼体的伤口侵入，开始寄生于表皮，逐渐深入肌肉，吸取鱼体营养，大量繁殖，向外生出灰白或青白色菌丝，严重时菌丝厚而密，有时菌丝着生处有伤口充血或溃烂。病鱼游动迟缓，食欲减退，离群独游，最后衰竭死亡。

2. 预防措施

①　加强饲养管理，避免鱼体受伤。

②　捕捞、运输时小心操作避免鱼体受伤。

3. 治疗方法

①　用亚甲基蓝 0.1‰～1‰浓度水溶液涂抹伤口和水霉着生处或用亚甲基蓝 60 毫克/升浓度浸洗鱼体 3～5 分钟。

②　每立方米水体用五倍子 2 克煎汁全田泼洒。

③　用食盐 400～500 毫克/升和碳酸氢钠 400～500 毫克/升合剂全田遍洒。

十七、　锚头鳋病

1. 症状特征

发病初期病鱼呈现急躁不安，食欲不振，继而鱼体逐渐瘦弱，仔细检查鱼体可见一根根针状虫体，插入肌肉组织，虫体四周发炎红肿，有因溢血而出现的红斑，继而鱼体组织坏死，严重时可造成病鱼死亡。当寄生的虫体较多时，鱼体上像披蓑衣一样。

2. 预防措施

① 定期用漂白粉或二氧化氯或三氯异氰尿酸全田遍洒。
② 每亩用20千克马尾松枝扎成多束放入田中，可预防此病。

3. 治疗方法

① 鱼体上有少数虫体时，可立即用剪刀将虫体剪断，用紫药水涂抹伤口，再用二氧化氯溶液泼洒，以控制从伤口处感染致病菌。
② 用浓度为1%的高锰酸钾水溶液涂抹虫体和伤口，过30～40秒钟后放入水中，次日再涂药一次，同样用三氯异氰尿酸溶液泼洒，使水体浓度呈1～1.5毫克/升，水温25～30℃时，每日一次共三次即可。
③ 用2.5%的溴氰菊酯泼洒，使田水中的药物浓度达到0.02～0.03毫克/升。

十八、 鲺病

1. 症状特征

鱼鲺同锚头蚤一样寄生于鱼体，肉眼可见，常寄生于鳍上。鱼鲺在鱼体上爬行叮咬，使鱼急躁不安急游或摩擦池壁，或跃于水面，或急剧狂游，百般挣扎、翻滚等；鱼鲺寄生于一侧，可使鱼失去平衡。病鱼食欲大减，瘦弱，伤口容易感染。病鱼皮肤发炎、溃烂。

2. 预防措施

① 把鱼临时放入稍冷的水中，鱼鲺受惊离开鱼体，而后换水养鱼。
② 病鱼经过药水浸洗后，仍可放回换过水的池中，并投入新鲜饵料以恢复体质。

3. 治疗方法

① 如果是少数鱼鲺寄生时，可用镊子一一取下，这种方法见效最快，

但是极易给鱼造成伤害，一定要小心操作。

② 把病鱼放入 1.0%～1.5% 的食盐水中，经 2～3 天，即可驱除寄生虫。

③ 用高锰酸钾或敌百虫（每立方米水体加入 90% 的晶体敌百虫溶液 0.7 克）清洗。

十九、 感冒和冻伤

1. 症状特征

鱼停于水底不动，严重时浮于水面，皮肤和鳍失去原有光泽，颜色暗淡，体表出现一层灰白色的翳状物，鳍条间粘连，不能舒展。病鱼没精神，食欲下降，逐渐瘦弱以致死亡。

2. 预防措施

① 换水时及冬季注意温度的变化，防止温度的变化过大，可有效预防此病，一般新水和老水之间的温度差应控制在 2℃ 以内，换水时宜少量多次地逐步加入。

② 对不耐低温的鱼类应该在冬季到来之前移入温室内或采取加温饲养。

3. 治疗方法

适当提高温度，用小苏打或 1% 的食盐溶液浸泡病鱼，可以渐渐恢复其健康。

二十、 机械损伤

1. 症状特征

鱼受到机械性损伤而引起鱼不适甚至受伤死亡，有时候虽然伤得并不厉害，但因为损伤后往往会继发微生物或寄生虫病，也可引起死亡。鱼体的鳞片脱落，鳍条折断，皮肤擦伤、出血，严重时还可以引起肌肉深处的创伤。鱼失去正常的活动能力，仰卧或侧游于水面。

2. 预防措施

改进饲养条件，改进渔具和容器，尽量减少捕捞和搬运，而且在捕捞和搬运时要小心谨慎操作，并选择适当的时间。

3. 治疗方法

① 在人工繁殖过程中，因注射或操作不慎而引起的损伤，对受伤部位可采用涂抹金霉素或稳定性粉状二氧化氯软膏，然后浸泡在浓度为 2 毫克/升的四环素药液中，对受伤较严重的鱼体也可以肌内注射链霉素等抗生素类药物。

② 将病鱼泡在四环素、土霉素、青霉素等稀溶液里进行药浴，浓度 1~2 毫克/升。

③ 直接在外伤处涂抹红药水（应避免涂在眼部），每天 1~2 次。

第二节 其他敌害的防治

在稻田养鱼时，敌害类也是我们必须预防的，这是因为有些敌害是疾病的传播源，有些敌害是其他寄生虫病的中间寄主，而更重要的则是许多敌害本身就会对养殖的鱼造成巨大的危害，例如吞噬鱼苗等，因此是稻田养殖时必须清除的对象。

一、 青苔

1. 病原病因

主要由于水位浅、水质瘦、光照直射田底而导致青苔大量滋生。

2. 症状特征

青苔是一种丝状绿藻的总称，通常先发生在稻田的浅水区，像披散开来的头发一样紧紧地贴在田底，新萌发的青苔长成一缕缕绿色的细丝，蠹立在水中，后来渐渐地转变为黄绿色，丝状体也渐渐地断离田底，衰老的青苔成一团团乱丝，形成棉絮状，漂浮在水面上。青苔在稻田中生长速度很快，覆盖水表面，影响水中溶氧和阳光的通透性，对鱼的生长发育极为不利；而且青苔消耗稻田里大量养分，会导致稻田里的水体急剧变瘦，对鱼的活动和摄食都有不利影响；另外在青苔茂盛时，往往有许多鱼苗鱼种钻入里面而被缠住，不能活动而活活饿死。

3. 流行特点

水温14～22℃最流行。

4. 危害情况

① 青苔大量繁殖，引起水质消瘦，使水草无法正常生长。

② 青苔飘浮水面，遮盖阳光，水草的光合作用受阻，造成水体缺氧。

5. 预防措施

① 在鱼苗鱼种放养前，用生石灰清理田间沟，用量为每亩水面40～80千克，化水后全田泼洒。

② 及时加深水位，同时及时追肥，调节好水色，减少光照对田底的直射。

③ 定期追肥，使用生物高效肥水素，让稻田保持一定的肥度，透明度保持在30～40厘米，以减弱青苔生长所必需的光照。

④ 在青苔较少时，可以用人工捞走。

6. 治疗方法

① 按每立方米水体用生石膏粉80克分三次均匀全田泼洒，每次间隔时间3～4天，若青苔严重时用量可增加20克，放药在下午喂鱼后进行，放药后注水10～20厘米效果更好。此法不会使田水变瘦，也不会造成缺氧，半月内可全杀灭青苔。

② 可分段用草木灰覆盖杀死青苔。

③ 在表面青苔密集的地方用漂白粉干撒，用量为每亩0.65千克，晚上用颗粒氧，如果发现死亡青苔全部清除，每亩用0.3千克的高锰酸钾粉剂，化水后全田均匀泼洒。

④ 用硫酸铜（$CuSO_4$）杀死青苔，但浓度必须很低，通常浓度在 0.02～0.05 毫克/升，如果稻田里养殖鳜鱼、泥鳅或黄鳝，建议不要用硫酸铜来毒杀青苔。

二、 水网藻

水网藻的藻体是由很多圆筒形的细胞相互连接，构成一种网状的群体，在水中散布开来。

1. 危害

水网藻常生长于有机物丰富的肥水中，可消耗田中的大量养分使水质变瘦，影响浮游生物的正常繁殖，危害极大。而当水网藻大量繁殖时严重影响鱼苗活动，常缠绕鱼苗而导致鱼苗死亡。

2. 防治方法

① 在鱼苗鱼种放养前，用生石灰清理田间沟，用量为每亩水面 40～80 千克，化水后全田泼洒。

② 大量繁殖时全田泼洒 0.7～1 毫克/升硫酸铜溶液，用 80 毫克/升的生石膏粉分三次全田泼洒，每次间隔时间 3～4 天，放药在下午喂鱼后进行，放药后注水 10～20 厘米效果更好。

③ 每亩水面用 50 千克草木灰撒在水网藻上，使其不能进行光合作用而大量死亡。

三、 小三毛金藻、蓝藻

这些藻类大量繁殖时会产生毒素，使水体出现水色和透明度异常，使鱼苗出现似缺氧而浮头的现象，常在 12 小时内造成鱼苗大量死亡。

预防与治疗：

① 在鱼苗放养前，用生石灰清理田间沟，用量为每亩水面 40～80 千克，化水后全田泼洒。

② 适当施肥，避免使用未经处理的各种粪肥；泼洒石灰浆，培养益

生藻类与有益菌类以抑制毒藻的繁殖；有条件的可用人工培育的有益藻类干预养殖水体的藻相。

③ 提高水位，并通过施用优质肥料、投喂优质饵料等措施促进有益浮游植物的大量生长繁殖，以降低田间沟里水体的透明度，使底栖蓝藻得不到足够的光照，促进有益浮游植物的大量生长繁殖。

④ 适当提高稻田的水位，同时施加"氨基酸肥水精华素"或"肥水专家"或"造水精灵"等肥料，一次量每立方米水体2.2克，全田泼洒，使用1次。（珠江水产研究所水产药物实验厂）

⑤ 适当换水或使用杀藻剂如铜铁合剂（硫酸铜：硫酸亚铁=5：2）0.4～0.7毫克/升，控制藻类密度。

⑥ 水质嘉或双效底净，一次量每立方米水体0.5克或1.5克。第二天，肥水宝二号和益生活水素，一次量每立方米水体1克和0.5克，治疗小三毛金藻。（北京伟嘉）

⑦ 清凉解毒净，一次量每立方米水体1.5克。第二天，水立肥和盛邦活水素，一次量每立方米水体1克和0.5克，治疗小三毛金藻。（北京联合盛邦生物技术有限公司）

四、 家禽及鸟类

鱼的天敌，在家禽里主要是鸭子，鸭子会大量捕食鱼苗甚至较大规格的鱼种，因此对于鸭子要加强监管工作：①不在稻田养殖区内饲养鸡、鸭、鹅等家禽，不能放任它们到稻田里，从而切断危害源头；②做好养殖场所的围栏安全工作，尽量杜绝家禽进入稻田；③发现家禽或者是在养鱼的稻田附近发现家禽，要立即驱赶。

鸟类通常适应在陆地上生活，同时也会在水边生活，它们主要吞食鱼苗鱼种，这些对鱼有一定危害的鸟类主要有苍鹭、池鹭、翠鸟、乌鸦、鸥鸟等，它们能把长长的嘴伸入泥土中捕食各种鱼类。对它们的预防主要采取以下几种措施：①对不是保护动物的鸟类，可以捕捉或杀死，然后把死的鸟挂在拦网上，借以恐吓其他鸟类；②对于国家保护的鸟类，只能采取驱赶的方法来达到目的，可用鞭炮或扎稻草人或用其他死的水鸟来驱赶；③对于面积较小的稻田，可以考虑在上方罩一层防护网。

五、 哺乳动物

对鱼造成危害的哺乳动物主要有老鼠、鼬鼠（黄鼠狼）和水獭等。

老鼠是鱼的主要天敌之一，常会大量捕食鱼苗和鱼种。

鼬鼠生性残忍，对鱼的危害极大，主要是在夜间捕食鱼作为可口的食物。

水獭是一种半水栖性的兽类，也喜欢栖息在稻田的洞穴中，夜间活动捕食鱼类，因此对鱼的危害也很严重。

对于哺乳动物的防治，可以采取以下几种方法：

① 对田间沟和稻田里及田埂上的消毒一定要做好，最好是带水消毒，确保所有的洞穴都能灌上药水，这样就可有效地杀死洞中的老鼠、鼬鼠和水獭。

② 密封稻田，加固四周防逃设施，防止哺乳动物入内。

③ 主动在稻田四周下捕鼠夹、捕鼠笼、捕鼠箭、电子捕鼠器、超声波灭鼠器等，安装电动捕鼠器，它们具有构造简单、制作和使用方便、对人畜安全、不污染环境等特点。可根据鼠害发生的情况，在老鼠经常出没的地方按照一定的密度安置机械灭鼠器，进行人工捕杀。

④ 随时捕食或寻找洞穴进行捕杀。

⑤ 对数量较多的鼠类可利用化学灭鼠剂杀灭害鼠，包括胃毒剂、熏蒸剂、驱避剂和绝育剂等，其中胃毒剂使用广泛，具有效果好、见效快、使用方便、效益高等优点。在使用时要讲究防治策略，施行科学用药，以确保人畜安全，降低环境污染。

六、 爬行类动物

鱼的爬行类天敌主要有蛇、龟和鳖。

蛇的来源一部分是原来稻田里存在的，另一部分是饵料的气味引来的。它能适应水陆生活，一部分时间生活在水中，一部分时间生活在陆地上，生活习性为昼伏夜出，主要捕食鱼苗，危害比较严重。

龟通常生活在江河、湖泊和池塘中，和蛇一样是被食物的气味吸引过来的，主要捕食鱼苗鱼种。

鳖的生活习性及存在与龟是相同的，也是以捕食鱼苗鱼种为主。

对于爬行动物，可以采取以下措施来防除：

① 对稻田的消毒一定要做好，最好是带水消毒，确保所有的洞穴都能灌上药水，这样就可有效地杀死洞中的水蛇。

② 加固防逃网，及时修补破损的地方，稻田的进水口处安装铁网、尼龙网，防止爬行类动物进入。

③ 发现龟和鳖，可以捕捉上市，它们本身就是很好的特种水产品。

七、 水蛭

水蛭又叫蚂蟥，是环节动物门蛭纲的一种动物，有前、后两个吸盘。当它在水中或近水边的陆地上活动，遇到了无鳞鱼时，就会用头部钻入鱼类皮肤内吸血，危害非常大。

防治方法：

① 取若干个丝瓜络或草把串在一起，浸泡动物血约 10 分钟，在阴凉的地方自然晾干后，再放入稻田多处多点进行诱捕，每隔 2～3 小时取出丝瓜络或草把串一次，抖出钻在里面的水蛭，拣大留小，反复多次，可将稻田里的水蛭基本捕尽。

② 用生石灰带水清理田间沟，以水深 1 米计每亩水面施生石灰 75～100 千克，溶水后趁热全田泼洒。

八、 其他的水生昆虫

1. 龙虱及水蜈蚣

龙虱是鞘翅目的昆虫，身体呈椭圆形，俗称水鳖虫，虫体扁平而大，黄褐色。龙虱前肢极发达强健，常用有力的脚爪夹持鱼苗而吸其血，致鱼苗死亡。水蜈蚣又叫马夹子，是龙虱的幼虫。在 5～6 月份鱼苗生长旺季，也正是龙虱大量繁殖的时候，所以对鱼苗的危害很大。

防治方法：

①生石灰清理田间沟，以水深 1 米计，每亩水面施生石灰 75～100 千克，溶水全田泼洒。

轻轻松松稻田养鱼蛙虾蟹

② 每立方米水体用 90% 晶体敌百虫 0.5 克溶水全田泼洒，效果很好。

③ 灯光诱杀：用竹木搭方形或三角形框架，框内放置少量煤油，天黑时点燃油灯或电灯，水蜈蚣则趋光而至，接触煤油后会窒息而亡。

④ 在稻田进水的时候，要做好防范工作，进水口一定要用密网过滤，防止龙虱和水蜈蚣随水流一起进入田间沟中。

2. 甲虫

甲虫种类较多，其中较大型的体长达 40 毫米，常在水边泥土内筑巢栖息，白天隐居于巢内，夜晚或黄昏活动觅食，常捕食大量鱼苗。

防治方法：

① 生石灰清理田间沟，以水深 1 米计，每亩水面施生石灰 75～100 千克，溶水全田泼洒。

② 用 0.5 毫克/升的 90% 晶体敌百虫全田泼洒。

3. 剑水蚤

这是鱼苗生长期的主要敌害之一，当水温在 18℃ 以上时，水质较肥的稻田里剑水蚤较易繁殖，既会咬死鱼苗，又消耗水中溶氧。

防治方法：每亩稻田的田间沟每米水深用 90% 的晶体敌百虫 0.3～0.4 千克兑水溶解后全田泼洒。

4. 水斧

水斧扁平细长，体长 35～45 毫米，全身黄褐色。它以口吻刺入鱼苗肌肤吸食血液而致鱼苗死亡。

防治方法：

① 在鱼苗放养前，用生石灰清理田间沟，用量为每亩水面 40～80 千克，化水后全田泼洒。

② 用西维因粉剂溶水全田均匀泼洒。

③ 用 0.5 毫克/升的 90% 晶体敌百虫全田泼洒，效果很好。

5. 红娘华

红娘华又叫小蝎子，虫体长 35 毫米，黄褐色，在我国分布非常广泛，主要伤害鱼苗鱼种。

防治方法：

① 在鱼苗鱼种放养前，用生石灰清理田间沟，用量为每亩水面 40～80 千克，化水后全田泼洒。

② 用 0.5 毫克/升的 90％ 晶体敌百虫全田泼洒。

九、 中毒

稻田水质恶化，会产生氨氮、硫化氢等大量有毒气体毒害鱼类；消毒药物残渣、过高浓度用药、进水水源受农田农药或化肥、工业废水污染，重金属超标而使鱼中毒；投喂被有毒物质污染的饵料；水体中生物（如湖靛、甲藻、小三毛金藻）所产生的生物性毒素及其代谢产物等都可引起养殖的鱼类中毒。

1. 预防措施

① 在苗种放养前，彻底清除稻田田间沟中过多的淤泥，保留 15～20 厘米厚的淤泥。

② 采取相应措施进行生物净化，消除养殖隐患。

③ 消毒后，一定要等残药完全消失后才能放养苗种，最好使用生化药物进行解毒或降解毒性后进水。

④ 严格控制已受农药（化肥）或其他工业废水污染过的水进入稻田内。

⑤ 投喂营养全面、新鲜的饵料。

⑥ 沟中栽植水花生、聚草、凤眼莲等有净化水质作用的水生植物，同时在进水沟渠也要种上有净化能力的水生植物。

2. 治疗方法

一旦发现鱼类有中毒症状时，首先进行解毒，可用各地市售的解毒剂进行全田泼洒来解毒，然后再适当换水，同时拌料内服大蒜素和解毒药品，每天 2 次，连喂 3 天。

参考文献

[1] 但丽，张世萍，羊茜，朱艳芳．克氏原螯虾食性和摄食活动的研究［J］．湖北农业科学，2007（03）：174-177．

[2] 李文杰．值得重视的淡水渔业对象——螯虾［J］．水产养殖，1990（1）：19-20．

[3] 陈义．无脊椎动物学［M］．上海：商务印书馆，1956．

[4] 潘建林，宋胜磊，等．五氯酚钠对克氏原螯虾急性毒性试验［J］．农业环境科学学报，2005，24（1）：60-63．

[5] 费志良，宋胜磊，等．克氏原螯虾含肉率及蜕皮周期中微量元素分析［J］．水产科学，2005，24（10）：8-11．

[6] 唐建清，宋胜磊，等．克氏原螯虾对几种人工洞穴的选择性［J］．水产科学，2004，23（5）：26-28．

[7] 唐建清，宋胜磊，等．克氏原螯虾种群生长模型及生态参数的研究［J］．南京师大学报（自然科学版），2003，26（1）：96-100．

[8] 吕佳，宋胜磊，等．克氏原螯虾受精卵发育的温度因子数学模型分析［J］．南京大学学报（自然科学版），2004，40（2）：226-231．

[9] 唐建清，等．淡水虾规模养殖关键技术［M］．南京：江苏科学技术出版社，2002．

[10] 舒新亚，龚珞军．淡水小龙虾健康养殖实用技术［M］．北京：中国农业出版社，2006．

[11] 夏爱军．小龙虾养殖技术［M］．北京：中国农业大学出版社，2007

[12] 占家智，羊茜．施肥养鱼技术［M］．北京：中国农业出版社，2002．

[13] 占家智，羊茜．水产活饵料培育新技术［M］．北京：金盾出版社，2002．

[14] 羊茜，占家智．图说稻田养小龙虾关键技术［M］．北京：金盾出版社，2010．

[15] 李继勋．淡水虾繁育与养殖技术［M］．北京：金盾出版社，2000．

[16] Shu xinya. Effect of the Crayfish Procambarus Clarkii on the Survival Cultivated in Chian［J］. Freshwater Crayfish，1995，（8）：528-532.

轻·松·养·殖·致·富·系·列

轻轻松松
稻田养鱼蛙虾蟹

▶ 作者为深受欢迎的水产高级工程师，负责先进水产技术推广管理。

▶ 大量一线养殖场、专业合作社和技术能手的养殖经验、技巧、诀窍。

▶ 稻田养鱼，生态环保，亩增产值可达3370元。

▶ 稻田养鱼的条件、模式，降成本增效益的措施、方法。

▶ 稻田养淡水鱼、小龙虾、龟鳖、河蟹、蛙类等特点分析与技术方法。

▶ 从田块选择、田间工程到放养、投喂、管理、捕捞、疾病防治等分述详解。

▶ 鱼谚、口诀丰富，技术成熟，一看就懂，一学就会，一用就灵，致富成效高。

www.cip.com.cn

读科技图书　上化工社网

ISBN 978-7-122-34143-3

9 787122 341433 >

销售分类建议：农业／水产

定价：49.00 元

测试水质

稻田放养草鱼种

稻田放养黄鳝种苗

稻田里的暂养池

稻田养草鱼种

稻田养红草金鱼

稻田养鲫鱼

稻田养乌鳢

稻田养罗非鱼

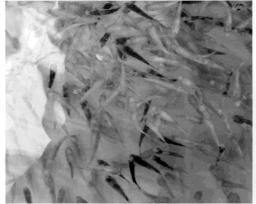

稻田养殖的锦鲤鱼

稻田养殖红田鱼

稻田养殖黄鳝

稻田养殖龙虾

放养泥鳅

分蘖期烤田

改良水质的专用水质改良剂

刚刚栽插的秧苗

刚收割后的稻田灌上水后养鱼

规模化稻田养鱼基地

回字形田间沟

开挖好的鱼沟鱼溜

烤 田

宽沟式田间沟

流水坑沟式稻田养鳅

水稻在收割

水稻壮苗期的养殖管理

田间工程建设

投放鳅种

投放鱼种

完善的防逃网建设是防止生物入侵的
重要措施

向稻田里投放苗种

秧苗分蘖期

养黄颡鱼的稻田

养鱼稻田的田埂要加固

养鱼的稻田可用太阳能灭虫灯杀虫

养鱼的稻田正在进行机插秧

养殖后期的红田鱼

鱼凼式鱼沟

鱼苗孵化-孵化桶

鱼苗孵化-静水孵化

鱼苗运输

正在开挖田间沟

周边沟是必要的